人格力

王诗涵／著

安能折腰事权贵

人不可有傲气，但须有傲骨

中国出版集团 现代出版社

图书在版编目(CIP)数据

人格力:安能折腰事权贵／王诗涵著. —北京：现代出版社，2013.11
(2021.3 重印)

(身心灵魔力书系)

ISBN 978 - 7 - 5143 - 1828 - 9

Ⅰ.①人… Ⅱ.①王… Ⅲ.①人格-修养-青年读物
②人格-修养-少年读物 Ⅳ.①B825-49

中国版本图书馆 CIP 数据核字(2013)第 273963 号

作　　者	王诗涵	
责任编辑	李　鹏	
出版发行	现代出版社	
通讯地址	北京市安定门外安华里 504 号	
邮政编码	100011	
电　　话	010 - 64267325 64245264(传真)	
网　　址	www.1980xd.com	
电子邮箱	xiandai@cnpitc.com.cn	
印　　刷	河北飞鸿印刷有限责任公司	
开　　本	700mm×1000mm　1/16	
印　　张	11	
版　　次	2013 年 11 月第 1 版　2021 年 3 月第 3 次印刷	
书　　号	ISBN 978 - 7 - 5143 - 1828 - 9	
定　　价	39.80 元	

P 前 言
REFACE

为什么当今时代的青少年拥有幸福的生活却依然感到不幸福、不快乐？怎样才能彻底摆脱日复一日地身心疲惫？怎样才能活得更真实快乐？

美国某大学的科研人员进行过一项有趣的心理学实验，名曰"伤痕实验"：每位志愿者都被安排在没有镜子的小房间里，由好莱坞的专业化妆师在其左脸做出一道血肉模糊、触目惊心的伤痕。志愿者被允许用一面小镜子看看化妆的效果后，镜子就被拿走了。

关键的是最后一步，化妆师表示需要在伤痕表面再涂一层粉末，以防止它被不小心擦掉。实际上，化妆师用纸巾偷偷抹掉了化妆的痕迹。对此毫不知情的志愿者被派往各医院的候诊室，他们的任务就是观察人们对其面部伤痕的反应。规定的时间到了，返回的志愿者竟无一例外地叙述了相同的感受——人们对他们比以往粗鲁无理、不友好，而且总是盯着他们的脸看！可实际上，他们的脸上与往常并无二致，什么也没有；他们之所以得出那样的结论，看来是错误的自我认知影响了判断。

这真是一个发人深省的实验。原来，一个人在内心怎样看待自己，在外界就能感受到怎样的眼光。同时，这个实验也从一个侧面验证了一句西方格言："别人是以你看待自己的方式看待你。"不是吗？一个从容的人，感受到的多是平和的眼光；一个自卑的人，感受到的多是歧视的眼光；一个和善的人，感受到的多是友好的眼光；一个叛逆的人，感受到的多是挑衅的眼光……可以说，有什么样的内心世界，就有什么样的外界眼光。

越是在喧嚣和困惑的环境中无所适从，我们就越会觉得快乐和宁静是何等的难能可贵。其实"心安处即自由乡"，善于调节内心是一种拯救自我的能力。当人们能够对自我有清醒认识，对他人能宽容友善，对生活无限热爱的时候，一个拥有强大的心灵力量的你将会更加自信而乐观地面对现实，面向未来。

本丛书将唤起青少年心底的觉察和智慧，给那些浮躁的心清凉解毒，进而帮助青少年创造身心健康的生活，来解除心理问题这一越来越成为影响青少年健康和正常学习、生活、社交的主要障碍。本丛书从心理问题的普遍性着手，分别描述了性格、情绪、压力、意志、人际交往、异常行为等方面容易出现的一些心理问题，并提出了具体实用的应对策略，以帮助青少年朋友科学调适身心，实现心理自助。

C目 录
ONTENTS

第六章　有爱的人格更高贵

第七章　完美人格精髓之自律

第一章 人格成就伟大

一个人长得怎样不重要,学历高资历深阅历丰厚也不重要,重要的是这个人言语间散放出来的某些东西是否能让别人感觉到你存在的同时,又可以获得一种力量,一种从主观到直观所散发出来的一种魅力,这就是通常所说的人格魅力。正如爱因斯坦说的,"一个人智力上的成就,很大程度上取决于人格的伟大,这一点往往超出人们通常的认识"。"君子坦荡荡,小人常戚戚。"这就是人格的体现。君子与小人就是人格的见证。伟人之所以不同于凡人,因他具有人格。

人品即商品，人格即财富

人生就是一个大舞台，每个人都在演一出人生大戏，只是分别扮演的角色不同，有诸多的舞种和剧目。华丽的服饰和娴熟的舞步，可以一时博得掌声；斯文的面容，潇洒的演技也可以获得粉丝们的一阵赞美，但终有谢幕的那一刻。在现实生活中也一样，有幸福同时也有痛苦，有欢乐就会有悲伤，有情感就会有烦恼，还有很多的无奈……

有很多的东西是美好的，但不是人人都能同时拥有，那就是人格和金钱。

有很多的奢望让人羡慕，但只能望而止步，那就是人格。

有些人为了金钱失去人格，有些人为了人格失去金钱。那些外逃的贪官和富豪选择了金钱，别说人格，甚至还去了"国格"。

到谢幕而退出舞台的那一刻，人格的优劣，必将决定你幸福感的程度，金钱不是什么都能买到的。

第一人格

一个乞丐来到一个庭院，向女主人乞讨。这个乞丐很可怜，他的右手连同整条手臂断掉了，空空的袖子晃荡着，让人看了很难过。可是女主人毫不客气地指着门前一堆砖对乞丐说："你帮我把这砖搬到屋后去吧。"

乞丐生气地说："我只有一只手，你还忍心叫我搬砖。这不是捉弄人吗？"

女主人并不生气，俯身搬起砖来。她故意只用一只手搬了一趟说："你看，并不是非要两只手才能干活。我能干，你为什么不能干呢？"

乞丐怔住了，他用异样的目光看着妇人。终于他俯下身子，用他那唯一的一只手搬起砖来，一次只能搬两块。他整整搬了两个小时，才把砖搬完，累得气喘如牛，脸上还有很多灰尘。

妇人递给乞丐一条雪白的毛巾。乞丐用手巾很仔细地把脸和脖子擦一遍，白毛巾变成了黑毛巾。

妇人又递给乞丐20元钱。乞丐接过钱，很感激地说："谢谢你。"

妇人说："你不用谢我，这是你自己凭力气挣的工钱。"

乞丐说："我不会忘记你的，这条毛巾也留给我作纪念吧。"说完那人深深地鞠一躬，就上路了。

过了很多天，又有一个乞丐来到这个庭院。那妇人把乞丐引到屋后，指着砖堆对他说：把砖搬到屋前就给你20元钱。这位双手健全的乞丐却鄙夷地走开了。

妇人的孩子不解地问母亲："上次你叫乞丐把砖从屋前搬到屋后，这次你又叫乞丐把砖从屋后搬到屋前。你到底想把砖放在屋后，还是放在屋前？"

母亲对他说："砖放在屋前和放在屋后都一样，可搬不搬对乞丐来说可就不一样了。"

此后还来过几个乞丐，那堆砖也就在屋前屋后来回了几趟。

若干年后，一个很体面的人来到这个庭院。他西装革履，气度不凡，跟那些自信、自重的成功人士一模一样，美中不足的是，这人只有一只左手，后边是一条空空的衣袖，一荡一荡的。

来人俯下身用一只独手拉住已经有些老态的女主人，说："如果没有你，我还是个乞丐，可是现在，我是一家公司的董事长。"

妇女已经记不起来是哪一位了，只是淡淡地说："这是你自己干出来的。"

独臂的董事长要把妇人和她的一家人都接到城里去住，过好日子。

妇人说："我们不能接受你的照顾。"

"为什么？"

"因为我们一家人个个都有两只手。"

董事长伤心地坚持着："你让我知道了什么叫人，什么是人格，那栋房子是你教育我应得的工钱！"

妇人终于笑了："那你就把房子送给连一只手都没有的人吧。"

是的,所有的哲学家对人格的认同都是一致的:**第一是劳动,第二是思考**。可是我们放眼望去,或者巡视周遭,是不是每个人都具备这两条基本品格呢? 那些为人父母者是不是清晰地知道孩子在成人之前应该教给他什么呢?

魔力悄悄话

人品即商品,人格即财富。一个道德败坏的人,不管是做人还是做事、从商还是从政,都很难有所发展,更谈不上功成业就。

品格铺就人生路

两千多年前，华夏民族的祖先周朝人曾经以无比敬畏的心情崇尚德治，后来在漫长的岁月中，儒家传统也一直强调"修身、齐家、治国、平天下"的观点。20世纪末期，社会上也在以各种方式宣传雷锋、孔繁森等道德楷模。

只是当时间的脚步走到21世纪的今天，这些思想是不是有些过时了呢？再提起"助人为乐"是不是显得有些"老土"？竞争激烈的社会，能力是最重要的，又有谁还会对品德斤斤计较呢？

事实当然不是如此。无论时代如何变迁，我们发现，最有成就的人往往是德才兼备的。有才华却不择手段的人只能取得暂时的成功，当他们被时间和事实揭穿了真面目，就难以再赢得信任。相反，品德高尚的人，可能一时吃亏，或者被讥笑为傻气，但是他们能耐得住考验，在岁月的历练中越走越远，笑到最后，成为最终的胜利者。

瑞士有一家钟表店门庭冷落，不甚景气。一天，店员贴出了一张广告，上面说：本店有一批手表，走时不太精确，24小时慢24秒，望君看准择表。

广告一经打出，很多人都迷惑不解，更有店主的好友打电话询问。店主坦率地说："诚实是我开店的原则，我不会为了个人私利而损害大家的利益。"正是因为店主有着非同一般的品格，他才能作出这样的决定。

出人意料的是，在广告打出后不久，表店的生意开始好转，门庭若市，生意兴隆，很快销完了库存积压的手表。

顾客们不仅被店主的品格所打动，还因此而更加信任这家钟表店的产品。其中的道理很好理解，毕竟没有人会喜欢品行恶劣的家伙。**立业先立德，做事先做人。做任何事情，都是从学做人开始的。如果连人都做不好，还谈何事业。**

对于任何个人来说,良好的品德会直接构成强大的影响力,它帮助人们获得事业的成功,赢得友谊,获得尊重与爱戴。一个人努力提高自己的品德修养的过程,就是他一步步从平凡走向优秀,从优秀走向卓越的过程。

人生之路漫长而充满荆棘与考验,要参透其中的奥妙,顺顺利利地走完全程,同时又取得不俗的成就,不是一件容易的事,仅有一些小聪明是绝对不够的。**真正的智慧之人,懂得一步一个脚印地郑重书写人生,不被利益诱惑,不受世俗干扰,永远保持内心独立而高尚的品格,永远坚持做人做事的原则,不松懈、不动摇,每天用心浇灌美德之苗,待到成事之时,自己已经抱着一棵参天大树了。**

魔力悄悄话

修身立德要从身边小事做起,考试要尊重考场纪律,不作弊;坐公交车时给老人让座;平日和同学交往懂得尊重别人。这些点点滴滴都会成为你日后成功的基石,因而是绝对不容忽视的。

好习惯是健康人格之根基

好习惯是健康人格之根基,好习惯的养成正是一个人完整品德结构发展中质变的核心,也是成功人生的根基。**人格是一生最重要的筹码,倘若因为坏习惯的存在而使自己的信用破产,就等于典当了自己的人格。**

一个人的习惯会影响到他的品格,并影响其日后的发展。有些人原来品格优良,但后来因为沾染了一种恶习,结果再也没有出头之日。这些人一开始并不注意自己的习惯,觉得那些只是暂时的小事。但是,久而久之,这样的人便会因为一些恶习而被他人所排挤。

这个时候,他很可能会懊悔起来,开始反思:真没想到那样随便玩玩也会成为改不了的癖习。但是,这时再懊悔又有什么用呢?如果一个人能凭着自己的良好品性,让他人在心里暗自佩服他、认同他、信任他,那么这个人就等于拥有了成功的优势。

一个有志成功的人,为了自己的前途,无论如何都不会为那些看似不足为奇的小毛病而诱惑,他们在任何诱惑面前都会以坚定决心守住自己。他能自我克制:不饮酒、不参与赌博、不弄虚作假、不因为毫无意义的项目而举债、不上赛马场。他的娱乐项目大多都会是正当而有意义的。否则,只要稍动邪念,他就可能立刻毁掉自己的信用、品格和成功。

一个人要想赢得他人的信任,一定要下极大的决心,花费大量的时间,不断努力改掉这些坏习惯。如果仔细分析一个人失败的原因,就可知道大多数人都会存在着种种不良习惯。

在生活和工作中,一个人想要获得他人的信任,就必须实实在在地作出业绩,证明自己的确是判断敏锐、才学过人、富于实干的人,必须注意自我的修养,善于自我克制,努力做到诚恳认真,建立起良好的名誉。

要获得他人的信任,除了要有正直、诚实的品格外,还要有敏捷、正确的做事习惯。要做到随时设法纠正自己的缺点,做到忠实可靠,做到言出必有信,与人交往时必须诚实无欺。即使是一个资本雄厚的人,如果做事优柔寡断,头脑不清,缺乏敏捷的手腕和果断的决策能力,那么他的信用仍然维持不住。

大家都知道,在许多银行贷款时,银行信贷员在每贷出一笔款项之前,都会对申请人的信用状况做一番深入的调查:对方公司的营运状况是否稳定;企业法人的个性是沉稳内敛还是好大喜功,这些都必须认定是确实很可靠,没有问题时,他们才会确定贷出款项。而有些人,虽然资本雄厚,但品行不好、不值得人信任,银行也绝不会贷给他一分钱的。

任何人都应该懂得:"人格就是一生最重要的资本。"一个想成就大事的人,都需要保守住这种最宝贵的资本——良好的习惯。习惯所体现出来的人格中自动化的、稳定的行为方式和特征,就是组成人格特质的重要基础。所以,习惯就是人格特质的重要表征之一。

人格与习惯紧密相关,这是自古以来很多学者的观点,明代被称为"前七子"之一的王廷相就认为"凡人之性成于习",明末清初杰出的思想家王夫之也提出"习成而性与成"。因此,很多学者研究人格时,都会直接使用习惯作为基础概念对人格的内涵进行界定。

"人格"是一个很学术的名词,而实际上,人格是我们在日常生活中经常感受到的现象。就像一个人给人的印象是乐观自信、不怕失败、活跃而有创造力,人们就会说他:"这个人具有健康的人格。"相反,如果一个人缺乏安全感,常常自卑,或是常常主动攻击他人,人们就会说他:"这个人很可能有人格障碍。"

什么是人格?简单地说,就是每个人的行为、心理的一些特征,这些特征的总和就是人格。人格的形成是先天的遗传因素和后天的环境、教育因素相互作用的结果。美国神经病学家埃里克就指出:"人在生长过程中,都会有一种注意外界的需要,并与外界相互作用,而个人的健全人格正是在与环境的相互作用中形成的。"

习惯就是在长期的生活和工作中逐渐养成的,所以习惯一旦养成就不容易改变,就极容易变为自动化动作的需要了。因此,也可以说习惯是人在一定的情境中所形成的相对稳定的、自动化的一种行为方式,是一个人人格物质的外现。

譬如,一个人在吃饭之前有洗手的习惯,这就是生活方面基本卫生习惯的外现;一个人能尊老爱幼、遵守交通规则,这就是遵守的社会公德性习惯的外现;还有的人,在思考问题的时候总是要在房间内来回地走动才会有思路,而有人则喜欢一个人闭上眼睛默默地思考才更有效,这些都是每个人所特有的一些习惯外现。

习惯总是表现在一个人的行为中,而且是比较稳定和自动的。所以,从一个人的习惯就可以看出这个人的人格是否健康,因为这个人所持有的人格表现都已经体现在他的习惯之中了。

习惯与人格的关系是相辅相成的。习惯会影响人格,人格也会影响习惯。很多人都没有注意到,越是细小的事情,越容易给人留下深刻的印象。有些人原来品格优良,但后来因为沾染了一些小恶习,结果就再也没有了出头之日。一个人一旦失信于人一次,别人下次就会再也不愿意和他交往或发生贸易往来。别人宁愿去找信用可靠的人,也不愿再找他,因为他的不坚守信用很可能会生出许多麻烦来。人格就是力量,从某种意义上来说,这句话比"知识就是力量"更为重要、更为正确。

魔力悄悄话

没有人出生就有出色的人格,不管是谁,自己不努力的人是不会受到尊敬的,因为要不断地注意自己,在修养上不懒惰,如果不发挥自制心的话就不可以。

人格让你闪闪发光

央视主持人白岩松曾经讲了一个自己亲身经历的事情：

在采访北大教授季羡林的时候，我听到一个关于他的真实故事。有一个秋天，北大新学期开始了，一个外地来的学子背着大包小包走进了校园，实在太累了，就把包放在路边。这时正好一位老人走来，年轻学子就拜托老人替自己看一下包，而自己则轻装去办理手续。老人爽快地答应了。

近一个小时过去，学子归来，老人还在尽职尽责地看守。谢过老人，两人分别。

几日后，北大的开学典礼上，这位年轻的学子惊讶地发现，主席台上就座的北大副校长季羡林正是那一天替自己看行李的老人。听过这个故事之后，我强烈地感觉到：人格才是最高的学位。

这之后我又在医院采访了世纪老人冰心。我问先生，您现在最关心的是什么？老人的回答简单而感人：是年老病人的状况。

当时的冰心已接近自己人生的终点，而这位从五四运动爆发那一天开始走上文学创作之路的老人，心中对芸芸众生的关爱之情历经近八十年的岁月而仍然未老。这又该是怎样的一种传统！

冰心的身躯并不强壮，即使年轻时也少有飒爽英姿的模样。然而，她这一生却用自己当笔，拿岁月当稿纸，写下了一篇关于爱是一种力量的文章，然后在离去之后给我留下了一个伟大的背影。

今天我们纪念五四，八十年前那场运动中的呐喊、呼号、血泪都已变成一种文字停留在典籍中，每当我们这些后人翻阅的时候，历史都是平静地看着我们，这个时候，我们觉得八十年前的事已经距今太久了。

然而，当你有机会和经过五四或受过五四影响的老人接触后，你就知道，历史和传统其实一直离我们很近。

人格力——安能折腰事权贵

世纪老人在陆续地离去,他们留下的爱国心和高深的学问却一直在我们心中不老。但在今天,我还想加上一条,这些世纪老人所独具的人格魅力是不是也该作为一种传统被我们向后延续?

前几天我在北大听到一个新故事,清新而感人。

一批刚刚走进校园的年轻人,相约去看季羡林先生。走到门口,却开始犹豫,他们怕冒失地打扰了先生。最后决定,每人用竹子当笔在季先生家门口的土地上留下问候的话语,然后才满意地离去。这该是怎样美丽的一幅画面!在季先生家不远,是北大的博雅塔在未名湖中留下的投影,而在季先生家门口的问候语中,是不是也有先生的人格魅力在学子心中留下的投影呢?

听多了这样的故事,便常常觉得自己是个气球,仿佛飞得很高,仔细一看却是被浮云托着;外表看上去也还饱满,但肚子里却是空空的。这样想着就有些担心了,怎么能走更长的路呢?

于是,"渴望年老"四个字对于我就不再是幻想中的白发苍苍或身份证上改成 60 岁,而是如何在自己还年轻的时候,便能吸取优秀老人身上所具有的种种优秀品质。

于是,我也更加知道了卡萨尔斯回答中所具有的深意。怎样才能成为一个优秀的主持人呢?心中有个声音在回答:先成为一个优秀的人,然后成为一个优秀的新闻人,再然后是自然地成为一名优秀的节目主持人。

我知道,这条路很长,但我将执着地前行。

通过上述事例我们不难看出:**人格是一个人独有的,只有意识到它的重要,他才会闪耀,才会发光。**希望能让我们的人格永远闪耀发光。

魔力悄悄话

修养,即修身养性,是文化、智慧、善良和知识所集中表现出来的一种美德,是崇高人生的一种内在的力量,是我们的生命品牌。假如容貌是你的第一身份的话,那么,修养绝对是你的第二身份。因为它是内在的、精神的,所以,往往比你的第一身份具有更大的影响力。

没有人格等于没有灵魂

"可贵可贱也，可富可贫也，可杀而不可使为奸也"，难道曹无伤不知道吗？但他却做不到。他对生命所依恋的不是美的人格，而是富与贵。

"富贵不能淫"是形容文天祥最为恰当的句子，他不是不喜欢富贵，而是让他生命最为留恋的是人格。

"云山苍苍，江水泱泱。先生之风，山高水长"，那是范仲淹对严光的赞赏，即隐士的人格。

当你"不义而富且贵，于我如浮云"，那你可以和严光相交为友。

当你能够为国不惜自己，那和文天祥是志同道合的。

当你像汪精卫那样卖国求荣，那曹无伤就是你的榜样。

归终至底，若是你所思念的不同，你的人格也就会随之变化。"后之视今，亦犹今之视昔"，我们为何不看当今呢？

"无商不奸"，真的是这样吗？如果是，那他们所想要的无非就是富贵，他们性本善，但却像狐狸般，这就是我们常说明客高一尺，商高一丈。事情的变化都是有原因的。他们或许迫切需要钱，或许为了让自己过得更好。但请问诚实就不可以养家糊口了吗？回答是否定的。只是商人在追逐利润的最大化，使他们得了金钱，失了人格。时代在前进，总会带来人格的些许变化。

如果一个人连自己的人格都保不住，那他和穿梭在那原始森林的野兽有什么区别。一个克隆人都不至于没有自己美的人格，但事实却严重地打击了我。因为"贫贱不能移，……"已经不存在了。他们生命里所想念的已经不是他们的诚实，耐劳，而是无限的垃圾富贵。

一位成功的人可以没有过人的智慧，没有出众的容貌，但却不能没有自己的本质属性——人格。 温弗丽的成功在于她的艰苦建业，尊重他人，所以她成功。当你甘愿失去人格来获得利益，那成功就会陨石坠落，永远不可能再看同样的第二次流星。

生命之舟,载着我们所留恋,喜爱的东西,这些东西是爱心、诚实、卖国求荣,还是什么? 都由你自己来决定,自己做人的人格都由自己来承载。但它可以通向富饶之地,也可以通向万丈深渊,因此我们就必须要选好这生命之舟。

让我们谨慎地载上自己的人格,无拘航行在澎湃的海洋上吧! 一个人没有人格,就是没有了灵魂,就形同一团肉泥。

魔力悄悄话

如果一个人没有形成独立的人格,不要说他将来能够有成就,就立足社会都十分困难,人格形成和培养十分关键,而人格的培养关键在家长,在日常生活中,家长应着力培养孩子健全的人格,教育孩子学会做人。

修养人格提升生活能力

修养是人生的一门必修科目,是人的文明素质形成的内在动力。它包括政治修养、理论修养、思想修养、道德修养、文化修养、科学修养、军事修养、人文修养等诸多方面。

人类的文明,人生的价值,就是"生活"这棵常青之树上结出的"修养"之果。

我们常常听到有人说,他们不明白,为什么某人会如此轻松圆满地处理生活中的事情,为什么他如此受欢迎。他们没有意识到,高贵的个人修养正是其成功的关键。

评价一个人,必须要全面。

一个人获得成功的能力,不应该仅仅以其智力来衡量,而且还要看他的说服力、吸引力、亲和力以及取信力。

他的表情、举止、情趣、人格,以及交友能力和维护朋友的能力,所有这些都对他能否在生活中如鱼得水起着至关重要的作用。

充满敌意的表情,令人反感的举止,乖戾孤僻的性格,常常会抹杀优秀的才能,令人产生偏见和敌视。

有一个年轻人,其乖戾易怒的性格,抵消了其惊人的活力和出色的头脑。他暴躁的脾气和尖刻的言辞,经常会伤害他人。他有超强的工作能力,却被自己令人反感的举止和性格所阻碍,始终难以得到提升。假如没有这种性格缺陷,以他杰出的才能和充沛的精力,他的业绩一定会得到迅速的提升。

有出色的才能,但是却缺乏吸引和取悦他人的品质,这样的人是如此之多。

人格力——安能折腰事权贵

无数成功和失败的事例都说明了一个问题，那就是没有什么可以替代个人魅力和优雅迷人的风度。

尽管大多数人认为，人的风度是与生俱来的，但事实上是可以后天获得的，只不过你必须为此承受烦恼和痛苦，就像要成就任何有价值的事业，你必须有所付出一样。

对于现代人来说，即使学历再高，学到的也只是"工具"而非人生的真谛。没有良好的个人修养，"工具"永远也不会转化为健全的人格和高尚的品格。

所以说，**修养是一个人性情气质的自然流露，是一个人与周围世界相处时内心的一种调适之道，更是一种聪明的生存技巧。**

人格的修养，不是为了别人，而是为了增强自己的生活能力。

《报刊文摘》上曾经刊载了这样一篇文章：

前不久，英国一家媒体公布了一则20世纪早期的招聘启事，这则招聘启事很快便成为各大公司的"宠儿"，人们争相套用或直接搬用它，为公司招贤纳才。这则招聘启事是这样写的：

现招聘男性一名。他要坐立笔直，言行端正；他的指甲缝里不能乌黑，耳朵要干净，皮鞋要擦亮；他习惯于勤洗衣服，梳理头发，好好保护牙齿；别人和他讲话的时候他要认真听，不懂就问；但与己无关的事情不要过问；他要行动迅速，不出声响；他可以在大街上吹口哨，但在该保持安静的地方却不能吹口哨；他看起来要精神愉快，对每个人都笑脸相迎，从不生气；他要礼貌待人，尊重女士；他不吸烟，也不想学吸烟；他愿意说一口纯正的英语而不是俚语；他从不欺负别人也不允许别人欺负他；如果不知道一件事情，他会说："我不知道。"

当他犯了错误，他会说："对不起。"当别人要求他做一件事情，他会说："我尽力。"他说话时会正视你的眼睛，从不说谎；他渴望阅读优秀的书籍；他更愿意在体育馆中度过闲暇时间，而不是在密室中赌博；他不想故作"聪明"或以任何形式哗众取宠；他宁愿丢掉工作也不愿意说谎或是做小人；他在与女性的相处中不紧张；他不会为自己开脱，也不会总是想着自己或是谈论自己；他和自己的母亲相处融洽，和母亲的关系最为亲近；有他在身边你会感到很愉快；他不虚伪，也不假正经，而是健康、快乐且充满活力。

这则招聘启事无疑向我们传达了这样一个真理:**生活型人才比生存型人才更宝贵。**事实上,任何地方都需要这样的人,百年前需要这样的人,一百年后的今天仍然需要这样的人。

魔力悄悄话

　　生活需要修养,修养回报生活。只有注重修养,我们的人生才会变得高尚而有意义;只有加强修养,我们的生活才会变得健康而有品位。让我们在生活与修养的互动中,走向进步、走向文明、走向人的全面发展。

提升你的人格魅力

在当今社会中,为人处世的基本点就是要具备人格魅力。何为人格魅力？首先要弄清什么是人格。人格是指人的性格、气质、能力等特征的总和,也指个人的道德品质和人的能作为权力、义务的主体的资格。而人格魅力则指一个人在性格、气质、能力、道德品质等方面具有的很能吸引人的力量。在今天的社会里一个人能受到别人的欢迎、容纳,他实际上就具备了一定的人格。

人格魅力的性格特征表现在如下方面:第一,在对待现实的态度或处理社会关系上,表现为对他人和对集体的真诚热情、友善、富于同情心,乐于助人和交往,关心和积极参加集体活动;对待自己严格要求,有进取精神,自励而不自大,自谦而不自卑;对待学习、工作和事业,表现得勤奋认真。第二,在理智上,表现为感知敏锐,具有丰富的想象能力,在思维上有较强的逻辑性,尤其是富有创新意识和创造能力。第三,在情绪上,表现为善于控制和支配自己的情绪,保持乐观开朗,振奋豁达的心境,情绪稳定而平衡,与人相处时能给人带来欢乐的笑声,令人精神舒畅。第四,在意志上,表现出目标明确,行为自觉,善于自制,勇敢果断,坚韧不拔,积极主动等一系列积极品质。

具有上述这些良好性格特征的人,往往是在群体中受欢迎和受倾慕的人,或可称为"人缘型"的人。如何塑造人格魅力？人格是一个人整体精神面貌的表现,是一个人的能力、气质、性格及动机、兴趣、理想等多方面的综合表现。它是从人出生时就有并一直延续地发展下去,评价一个人不单单只看他的外表,而是综合多方面因素,例如:外貌、语言、心理、性格等,从中去发现他高尚的人格魅力,这是较高的境界,最重要的是要有健康的人格。

一个人要想让别人尊敬他,欣赏他,应该有自己的人格魅力,对自己本身的优、缺点有一定的了解,不自卑,不自傲,与身边的同学、朋友搞好关系,能重视自己的言行举止,不做有失自己风范的事。在遇到困难,挫折时,有一种乐观向上的态度,使自己从挫折中站起来,变得更加坚强,使自己渐渐的成长起来。而在生活当中更要有乐观、积极的态度,培养广泛的兴趣爱好,有自信地面对生活,享受人生,使生活变得更加的充实,多彩多姿。

一个健康的人格不是本身就具有的,需要一点一点地积累起来。平时注意培养自己正确的思想观念,良好的心态,乐观的生活态度,来塑造自己的人格魅力。如何塑造健全的人格魅力? 所谓人格,一是指人的性格、气质、能力等特征总和;二是指个人的思想、道德品质;三是指人能作为权利、义务的主体的资格。人格,似乎是一个很学术化的名词,但实际上,如果对人格略有所知的话,我们就能在日常生活中观察到"人格"。

一个人乐观自信,不怕失败,活跃而有创造力,我们会说,"这个人具有健康人格";若一个人常常自卑,或常常主动攻击他人,我们会说,"这个人可能有人格障碍"。事实上,每个人都希望自己能够趋于完美,每个人也都会有或多或少的人格缺陷。现代社会中,人格愈发受到重视。**一个有健全人格的人,就可以在各个方面得到平衡发展,有助于其事业上成就的取得,身心的健康发展,能更有效地去适应变化着的社会环境,顺利地进行人际交往以及正确处理人际关系,最终走向成功。而这,就谈到如何塑造健全的人格魅力。**

人格魅力,大体分为性格的魅力——忠诚坦荡,知识的魅力——学识渊博,智慧的魅力——思考与创新;而这些内在的魅力,需要对外表达,与人沟通,方能展现。表达、交流的能力是一个人必备的素质,同时也是展现人格魅力的唯一有效途径。联合国教科文组织提出的"四会"标准:会做人,会做事,会学习,会交流相处便是一例。

这里要提的一点是,表达与交流并不仅仅是指语言沟通,还包括个人行为所展现的风采,如待人的风度,处事的能力等,是一个人素质的体现。由此可见,人格的内在决定了表达的内容与交流的方法,而后者又反映了前者。所以我们从表达与交流入手,探寻人格魅力的塑造方法。关于交流技巧,**有一位哲人说过:"没有交际能力的人,就像陆地上的船,永远到不了人生的大海"**。人们学习知识,进入社会,了解自我,获得新生和爱情,都是在人际交往中发生的,我们的生活处处都在与人打交道,如果不会交际就无法适应这个社会。培根在《论友谊》中写道:"如果一个人有心事却无法向朋友诉说,那么他必然成为操作自己身心的人"。因此,在现实生活中,无论有多么强的能力,多么好的条件,如果没有良好的人际关系,无法交流,既无法取得成功,也不会得到身心的健康和生活的幸福,更不必说展现人格了。

有的人说我们中学生的交往有点像象牙塔,当然也有人认为学校本来就是一个小社会,但我们的人际交往较之社会上单纯。中学生一般比较重视心与心的交流,看重每一份真挚的情谊。在学生时代容易产生志同道合的挚友,甚至一生的知己;另一方面,校园的人际关系有时也会折射出社会上的人际关系。随着我们年龄的增长、自我意识的增强,对人际关系也开始有了更多理性的思考。

通过资料的查阅,关于交流中的技巧,我们有了一些研究:

一、提高人际交往和掌握成功的人际关系技巧的第一步是:学会了解他人。事实上,每个人都是首先对自己感兴趣,而不是对别人,换句话说,一个人关注自己胜过关注他人很多。所以,认识到"人们首先关心的是自己而不是你"这一点,学会观察、了解他人,是交流的关键所在。观察他人的面部表情,可以更好地了解其内心的思想感情,了解其处事态度,以及人格。所以,请用你的眼睛,观察你的周围吧。

二、巧妙地与别人交谈。当你与人交谈时,请选择他人感兴趣的话题,或是他们了解的话题。于是,当你与他人谈及他们感兴趣的问题时,他们就会兴致勃勃,且完全着迷,对你的好感油然而生。另外,待人谦和,有礼貌,也可博得好感。"我,我自己,我的"这些词语会伤害他人,而用另一个词,一个人类语言中最有力的词来代替它——"您"打个比方吧:"这是为您做的""如果您这么做,您将会从中受益无穷""这将会给您的家庭带来欢乐""您会从中得到好处"等等。如果能放弃谈论自己和使用"我,我自己,我的"这几个词而产生的满足感,你的性格魅力、你的影响力和号召力将会大大提高。的确,这是件很难的事,而且需不断练习,但是,付诸实践后的回报,将会令你感到这样做十分值得。

另外一种利用人们关心自己这一特点的方式是,让他们谈论自己。你会发现,人们热衷于谈论自己胜过任何话题。如果你能巧妙地引导人们谈论他们自己,他们将会非常喜欢你,你可以尝试这样问他们:"XX,你现在过得好吗?""XX朋友,这是您的'全家福'吗?"我们中的大多数人不会对他人产生影响力,因为我们总是忙着考虑自己,忙着谈论自己。请记住这样一个事实:你是否对"谈话"感兴趣并不重要,重要的是你的听众是否对"谈话"感兴趣。因此,当你与人谈话时,请谈论对方,并且引导对方谈论他们自己。这样,你就可以成为一名受欢迎的谈话伙伴。

三、如何让人觉的你重要 或许每一个人都希望变得重要,没有人愿意被认为是可有可无的,而当他们被忽视或否定时,便会自认为是可有可无的了。所以,别人看待他自己跟你看待你自己一样重要。这一特性的有效运用是成功的人际关系的基石之一。

下面几点是关于怎样认可别人,怎样使人觉得自己重要的几点方法:

1.聆听他们。拒绝聆听别人会使对方深深地感到自己并不重要,认为自己的确是可有可无的,从而变得自卑,不愿继续交谈。细心地聆听则使他们觉得自己非常重要。

2.赞许他们。当他人值得赞扬时,及时地赞扬他们。

3.尽可能经常地记住、使用他们的姓名和照片 记住他人的姓名,并以姓名称呼他们。使用他们的照片,将会使他们感到你的关注与心意,并非常喜欢你。

4.在回答他们之前,请稍加停顿 这会使他们感到你认真地思索了他们的话,肯定了他们所说的话值得思考。

5.肯定那些等待见你的人们。如果他们必须等待,请让他们意识到你知道他们在等,这也是重视别人的一部分。

6.关注集体中的每一个人,因为"孤雁不成群"。

以上就是交流中的一些技巧,交流可以表达一个人的世界观、人生观、价值观,展现其人格魅力,也可以汲取别人的知识、智慧、观点,塑造自我,塑造人格。

表达技巧。在交谈中,语言表达能力十分重要,因为叙事清晰、论点明确,证据充分的语言表达,能够使得人与人顺利的沟通。在交谈中,双方的接触、沟通与合作都是通过语言表达来实现的。说话的方式不同,对方接受的信息、做出的反应也都不同。这就是说,虽然人人都会说话,但说话的效果却取决于表达的方式。表达过程中的一些细节问题,如停顿、重点、强调、说话的速度等往往容易被人们忽视。而这些方面都会在不同程度上影响说话的效果。

一般来讲,如果说话者要强调谈话的某一重点时,停顿是非常有效的。试验表明,说话时应当每隔30秒钟停顿一次。一是加深对方印象,二是给对方机会,对提出的问题作出回答或加以评论。当然,适当的重复,也可以加深对方的印象。有时,还可以运用加强语气,提高说话声音以示强调,或显示说话的信心和决心。这样做要比使用一长串的形容词效果要好。说话声音的改变,特别是如能恰到好处抑扬顿挫,会使人消除枯燥无味的感觉,吸引听话者的兴趣。

此外,表达时应注意根据对方是否能理解你的讲话,以及对讲话重要性的理解程度,控制和调整说话的速度。在向对方介绍谈判要点或阐述主要议题的意见时,说话的速度应适当减慢,要让对方听清楚。同时,也要密切注意对方的反应。如果对方感到厌烦,那可能是因为你过于啰嗦或一句话表达了太多的意思。如果对方的注意力不集中,可能是你说话的速度太快,对方已跟不上你的思维了。这时,就应当注意一些技巧了。此外,清晰、准确的发音,圆润动听的嗓音,也有助于讲话的效果。从交谈气氛来讲,表达说话的另一大忌,是口吐狂言、滔滔不绝。说话表现出轻狂傲慢,自以为是,瞧不起别人,会引起对方的反感、厌恶,招致对方的攻击。口若悬河、滔滔不绝地讲话,会使人失去倾听对方的机会,忽略对方要求。

总之,你要收到良好的说话效果,就必须注意表达的技巧。

锻造健全的心理素质。什么是心理素质呢?心理素质主要指进行创造时的心理状态,它将直接影响和干扰创造力的发挥。同我们平时干任何一件事情一样,悲伤苦恼,焦躁不安,懒散呆滞等负性精神状态是难以产生灵感的,会极大地阻碍创造的实现。**而好奇,热爱,信心,毅力,希望,高度的注意力,丰富的想象力等,会使人心胸开阔,情绪乐观,使创造性思维活跃,灵感也最爱光顾它们。**所以大凡科学发明家几乎都具备这种优良的品质,这是他们长期培养锻炼的结果。

魔力悄悄话

每一个能坚持刻苦自学的人,实际上你已在培养自己的这种良好素质了。只要我们树立明确的奋斗目标,更加自觉地在思想,生活,学习,创造,文体活动等各方面培养自己,那么终将会实现我们的理想。

人格魅力乃人气之源泉

谁都渴望自己与周围人的关系是和谐融洽的。尤其是青少年,更希望与别人友好相处,获得他人的信任、理解和友谊。然而良好的人际关系的产生取决于交往双方,即一个人不但接受他人,同时还能为他人所接受,相互间的关系才会不断发展。如果大家觉得与某人交往并非是一件顺利的事情,或者对他没有好感,即使他乐于同别人交往,但人们未必接受他。那么,怎样才能讨人喜欢,受人信赖呢? 伟大的人格魅力就是你制胜的法宝。

什么是人格魅力? **人格魅力就是一种独立于外貌和才能之外的关于思想和世界观的修炼,是一种导引,是一种震撼,是一种精神。**一个人可以相貌平平,才智一般,但在人格上却可以卓然而立,受人敬仰。特别是一个人举手投足间的人格魅力,更是他拥有超高人气的源泉。

中科院院士之一、华中科技大学校长杨叔子教授在一次演讲中感动了所有听众。在杨叔子教授投入地讲述他曲折的求学经历时,工作人员数次默默地为他更换茶水,每一次白发苍苍的杨教授都会马上站起,恭敬地双手接过茶杯,并诚恳地道一声"谢谢"。演讲结束后,杨教授起身向每个角度的听众深深鞠躬,以感谢大学生们经久不息的掌声。

这件事让我们感动的是大师们对别人的尊重。这种尊重不是做作,而是一种来自灵魂的真诚。正是这份真诚打动了我们,让我们感受到了大师们的人格魅力。

一滴水可以折射出太阳的光辉,一个动作、一个细节可以反映出一个人的品质与人格。正是这些细节,让我们看到了大师们崇高的灵魂。这些细节体现出的是一种大德,被折服的是我们的心。举手投足间,尽显个人的内涵和修养。这就是人格的魅力,是一种具有令人尊敬、爱戴的凝聚力。

人格力——安能折腰事权贵

　　举手投足之间展现的点滴细节，闪耀着人格的光辉。也许是公交车上为老人让座的那份自然而然，或者是粗蛮地挤上车后的那一脸幸灾乐祸；也许是跟在行人后拾起那留有余温的空杯扔入垃圾桶后的一脸坦然，或者是在大街上随手扔出一团纸巾的那份"轻松自在"。举手投足之间，我们的习惯、素质，乃至道德品质，一次次被折射放大。那不经意间流露出的真实一面，恰恰成为我们人格的注脚。

　　举手投足是一把尺，它是衡量人的内在含金量的标准。含金量高的人，必然是一个伟大的人。

　　细节是小事，但人格和修养却常常不在大事上，而是反映在那些你从来都漫不经心的细节上。细节决定成败，如果你想要处处受人欢迎，就要在举手投足这些小事、细节上去努力完善我们的修养，塑造卓越的人格魅力。

魔力悄悄话

　　培养孩子良好的品德还有很多其他方面，比如：合作、诚信、谦逊、自律等。为了塑造孩子健全的人格，每一位家长都要从孩子小时候就抓起，从点滴的小事抓起，给孩子提供良好的学习环境和条件，为孩子人格的发展铺设道路。

好品质好人生

每个孩子都有属于自己的梦想,有的长大了想当科学家,有的长大了想当飞行员,有的长大了想当企业家,有的长大了想当局长……可是,有的孩子长大后实现了自己的梦想,有的孩子长大后却碌碌无为。这其中一个非常重要的原因就是个人品质的作用。假如人生是海上一艘远行的轮船,那么品质就是"舵手"。

如果由优秀的品质"掌舵",那么就能抵御大风大浪的侵袭,获得美好的未来。相反,如果由不良的品质"掌舵",那么就可能失去方向,最终触礁遇险。

由此可见,拥有什么样的品质,就会拥有什么样的人生。**你选择了诚实,就会获得别人的信任;你选择了勇敢,困难就会向你低头;你选择了宽容,就会赢得真诚的友谊;你选择了尊重别人,就会获得别人的尊重;你选择了责任,别人就会给予你信赖;你选择了与人为善,别人同样也会投桃报李;你选择了坚持,成功就向你招手。**

可以说,良好的品质可以决定一个人的未来。

大约一百年前,美国密苏里州伦道夫县有一个叫克拉克的村子。村子里有一户贫困人家。家里有一个非常聪明的小男孩。一天,男孩的妈妈让他去把 30 个鸡蛋卖给邻居。临出门前,妈妈对小男孩说:"孩子,这 30 个鸡蛋能卖 40 美分,如果邻居嫌贵,就卖 35 美分。"孩子听了妈妈的话就拿着鸡蛋去了邻居家。

到了邻居家,邻居就问他这鸡蛋要卖多少钱。小男孩并没有像一些自作聪明的孩子一样撒谎,而是选择了诚实。他把妈妈告诉他的话一字不差地告诉了邻居。

邻居一听笑了,说你这么聪明的孩子,把你妈妈的话一字不差地告诉了我,如果让别人知道了,岂不会说你太笨。但是,孩子,我不这样认为。我认为你很诚实,是个好孩子,为了对你的诚实进行奖赏,我决定40美分买你的鸡蛋。

这件小事不仅肯定和鼓励了这个孩子,更影响了他的一生。

这个小孩子就是大名鼎鼎的布雷特利将军。他长大后,考进了著名的西点军校。从小时候到后来成为美国陆军五星上将,他都没有改变自己诚实的好品质。为此,他赢得了"诚实的将军"的美誉。

布雷特利将军用自己成功的一生诠释了高尚品质的重要意义,也为孩子们树立了一个非常值得学习的好榜样。

在第一次世界大战期间,居里夫人作出一项重大的决定:将诺贝尔奖奖金献给法国政府,用于战时动员。居里夫人还亲自带着X光机上前线服务,并带着伊伦娜随同前往帮助检查伤病员。

战争结束时,法国政府向伊伦娜颁发了一枚勋章,这对年轻的姑娘来说真是极大的荣誉。

居里夫人的品德教育包括四个方面。

(1)培养孩子节俭朴实、轻财的品德。她教育女儿说:"贫困固然不方便,但过富也不一定是好事。必须依靠自己的力量,谋求生活。"

(2)培养孩子不空想、重实际的作风。她告诫两个女儿:"我们应该不虚度一生。"

(3)培养孩子勇敢、坚强、乐观、克服困难的品格。她常与子女共勉:"我们必须有恒心,尤其要有自信心。"

(4)教育孩子必须热爱祖国。除了教她们波兰语,居里夫人还以自己致力于帮助祖国科学发展的行动感染两个女儿。

虽然《三字经》上说"人之初,性本善",但是,优秀品质的获得更需要后天的培养。

当然,要培养一个孩子优秀的品质,并不是一蹴而就的,不但需要孩子们不断地努力,不断地选择,不断地坚持,而且需要家长学习和掌握科学的方法。

培养优良的道德品质,要从孩子在生活中经常接触的和容易理解的事物入手。比如,教育孩子热爱祖国,要先从教育孩子热爱自己的家庭和学校入手。教育孩子热爱劳动,要先从教育孩子搞好自我服务、参加家务劳动及学校的公益活动入手。教育孩子热爱科学,要先从培养孩子对科学的兴趣入手。只有这样,才能使孩子从小就具有优良的道德品质。

魔力悄悄话

　　宽容是一种美德,它像催化剂,能化解矛盾,纯洁心灵。家长一定教育孩子学会宽容,学会无私的给予,学会善待别人。这样,孩子的世界也将变得纯净,变得充满爱和善良。

品德培养须及早

"**三岁看大，七岁看老。**"是我国民间一句俗语。其意思是对于一个人来讲看他三岁时的品德，便知他长大后的为人；了解他七岁时的言行便可以知晓他到老的作为。这句话喻示了幼儿时期形成的品德表现将对他的一生产生重要作用。

小雨是大班的小朋友，他从家里带来一袋有 10 种颜色的彩笔，而同座珍珍的彩笔有 36 种颜色，包装很精致。画画的时候，小雨常常向珍珍借用彩笔，珍珍是个大方友善的孩子，同意互相借用。

有一次，珍珍的画先画好了，小雨提出要珍珍把彩笔留下继续借给他使用，珍珍同意了。绘画活动结束后，小雨把珍珍的彩笔装进自己的书包，珍珍也忘了彩笔的事。

过了几天，又上绘画课，珍珍想起彩笔借给了小雨，就向小雨要，可小雨却结巴了半天不说一句话，还紧紧地抱着书包不肯打开，珍珍一急之下说他赖皮，借了东西不还。小朋友们看到了，都围过来七嘴八舌地议论开了，有的说要小雨把彩笔还珍珍；有的说小雨借了东西不还就等于偷，是坏人；有的说小雨不讲道理，我们大家都不要跟他玩……

后来在老师的劝说下，小雨终于把彩笔拿了出来，可打开一看，彩笔少了好多支，有的连笔套也不见了。

小雨说："这几天我一直拿珍珍的彩笔在家里画画，一些彩笔颜色没有了，笔头也烂了，我就把它扔掉了。"珍珍听了以后，伤心地哭起来，小雨也内疚地低下头。

如果小雨的这种品行继续任其发展下去，不难预见长大以后他会成为一个什么样的人。

所以说,孩子的优良品德应该从小就开始培养。

培养孩子文明礼貌的言行

家长一定要注意对孩子良好行为习惯的培养,比如家中来客人,要学会热情地与人打招呼,接待客人;吃饭时注意自己的举止不要给别人带来不快;在公共场合要注意自己说话声音不要太大,不要影响其他人。

现在有很多家长认为,对小孩子要求不要太高,少一点儿约束,让孩子自由快乐一点儿。这样做的结果是什么呢?孩子从小对自己的行为缺乏约束,使孩子的社会化成长有所欠缺,说话行事我行我素,在一些场合很容易显得缺乏教养,让父母或周围的人感到很难堪。

我相信一句话:**一个人的行为决定人的习惯,习惯决定性格,性格决定命运。**所以我认为应该使孩子从小养成良好的习惯,从细节做起,对孩子就是一种品德教育。

培养孩子诚实的优秀品质

诚实无论在任何时候都应该是一个人的基本素质。对孩子来说,应该要求他做老实人,说老实话,做老实事,做错了事情要勇于承认,不可因隐瞒而错上加错。例如,当孩子首次拿别人的东西因担心挨打而说谎时,家长应坚持正面教育,讲明道理,启发并鼓励孩子说实话。

家长对敢于承认错误的行为应予以表扬,进而促使孩子逐步养成诚实的品质。切忌用严厉训斥或打骂的办法,那样做的结果只能是伤害孩子的自尊心,更易促使孩子说谎。

家长应该做出榜样,给孩子以良好的影响。家长可以通过给孩子讲类似《狼来了》的故事,帮助孩子懂得说谎的害处;通过讲勇于承认错误的故事,让孩子明白诚实的好处。

培养孩子勤劳节俭的品质

在当今的社会环境下,尽早培养孩子勤劳节俭的思想和行为是非常必要的。

家长应多提供机会让孩子大胆实践,平日多做力所能及的家务事,多参加学校的劳动以及一些社会劳动实践活动。学生有了爱劳动的习惯就会随之热爱学习;反之,大凡不爱劳动的孩子也多不爱学习。

家长还可通过讲类似"寒号鸟"的故事,让孩子明白好吃懒做所造成的不良后果。

家长还应多加鼓励,帮孩子树立起成功意识,在孩子因自己亲手劳动创造了成果,或其他方面(如参加各类竞赛或作品发表)取得成功时,开个家庭庆功会,向孩子表示祝贺。孩子有了成功的开始,就会更加奋力拼搏。

同时,为了帮孩子抵制铺张浪费与贪图享乐的不良影响,家长要带头生活俭朴。

培养孩子尊敬长辈,爱护弱小

一个讲文明懂礼貌的孩子必然能够尊敬长辈,爱护弱小。反之,一个粗鲁成性的孩子也绝不可能尊敬长辈及其父母,更不要谈爱护弱小,助人为乐了。

不尊敬长辈甚至虐待父母是当今的一个严重社会问题。许多父母含辛茹苦把子女带大,原想老来有个依靠或慰藉,结果是子女成家以后,各自生活,不履行赡养责任。如果父母能从小不放纵自己的子女,注意培养子女尊老护幼,尊敬父母,是绝不会酿成这样严重的后果的。

培养孩子遵守社会公德的意识

要使孩子将来成为合格公民,就必须从小进行遵守社会公德的教育和训练,并使之逐步养成习惯;要教育孩子注意养成保持公共卫生的习惯;要教育孩子明白交通安全信号,养成自觉遵守交通法规的习惯;要教育孩子养成爱护公共财物、爱护花草树木的习惯,养成见义勇为,敢于同坏人坏事作斗争,保卫国家和人民的利益的良好品质。

没有一个家长不希望自己的孩子成为文明、善良、有高尚公德的人,而实现期望是要从现在做起、从我做起、从每个家庭做起的。所以,让我们从现在开始,从孩子小的时候开始,培养他的优良品德吧!

魔力悄悄话

赞美能激励人奋发图强,而一个善于理解和肯定别人的人,他的人生也会更加开阔,更加充满希望。家长要教育孩子善于发现和欣赏他人的优点,学会赞美,这不仅对协调人际关系具有重要意义,而且对赞美者也将产生无可估量的积极作用。

第二章
诚信乃人格之本

　　无论是爱情、生活、工作与学习的哪一个场合,缺乏诚信就没有人格魅力,就没有真正的"身价"。

　　外在的财富、容貌和职位可以影响别人对你的评价,但你若无诚信,你的外部条件只能使你更加遭人弃恨;你若有诚信,这些外部条件就会加倍地放大你的人格魅力。

　　因此我们要牢记:诚信乃人格之本。我们要走好人生的每一步,用真诚拥抱生活,时刻与诚信同行。让诚信成为我们最具魅力的人格。

失信的人生很失败

诚实守信对于一个人的成长及未来发展非常重要。从小老师就通过《狼来了》《匹诺曹》等故事教育我们要做一个诚实守信的人。一个人不诚实守信，缺乏对自己行为的责任感，就会在社会上四处碰壁。无论你有多大本领、多高能力，也难以为人所用。

"君子一诺，重于泰山。"青少年将来要想在社会上立足，干出一番事业，就必须具有诚实守信的品德。一个坚守诚信的人，能够前后一致，言行一致，表里如一，人们可以根据他的言论去判断他的行为，进行正常的交往。如果一个人不讲信用，前后矛盾，言行不一，则无法判断他的行为动向，对于这种人，是无法进行正常交往的，更没有什么影响力可言。

信用是做人的根本。一个人失去了信用，就会失掉别人的信赖，也会因此失去成功的机遇。

唐朝元和年间，东都留守名叫吕元应。他酷爱下棋，养有一批下棋的食客。

吕元应与食客下棋。谁若赢了他一盘，出入可配备车马；如赢两盘，可携儿带女来门下投宿就食。

有一日，吕元应在亭院的石桌旁与食客下棋。正在激战犹酣之际，卫士送来一叠公文，要吕留守立即处理。吕元应便拿起笔准备批复。下棋的食客见他低头批文，认为他不会注意棋局，迅速地偷换了一子。哪知，食客的这个小动作，吕元应看得一清二楚。他批复完文件后，不动声色地继续与食客下棋，食客最后胜了这盘棋。食客回到住房后，心里一阵欢喜，企望着吕留守提高自己的待遇。

第二天，吕元应携来许多礼品，请这位食客另投门第。其他食客不明其中缘由，很是诧异。

人格力——安能折腰事权贵

十几年之后，吕留守处于弥留之际，他把儿子、侄子叫到身边，谈起这回下棋的事，说："他偷换了一个棋子，我倒不介意，但由此可见他心迹卑下，不可深交。你们一定要记住这些，交朋友要慎重。"他积多年人生经验，深觉棋品与人品密不可分。

棋品即人品，我们在日常生活中一些不守信用的行为，看似小事，却会为我们的品格印上很大的污点，成为我们人生发展的隐患。

江枫是一位高中生。18岁高中毕业后，他去了国外一所大学开始了半工半读的留学生活。

渐渐地，他发现当地的车站几乎都是开放式的，不设检票口，也没有检票员，甚至连随机性的抽查都非常少。凭着自己的聪明劲，他精确地估算了这样一个概率——逃票而被查到的比例大约仅为万分之三。他为自己的这个发现而沾沾自喜，从此之后，他便经常逃票上车。他还找到了一个宽慰自己的理由：自己还是个穷学生嘛，能省一点是一点。

四年过去了，名牌大学的金字招牌和优秀的学业成绩让他充满自信，他开始频频地进入一些跨国公司的大门，踌躇满志地推销自己。然而，结局却是他始料不及的：这些公司都是先对他热情有加；然而数日之后，却又都是婉言拒绝。这让他莫名其妙。

最后，他写了一封措辞恳切的电子邮件，发送给了其中一家公司的人力资源部经理，烦请他告知不予录用的理由。当天晚上，他就收到了对方的回复：

"先生：

我们十分赏识您的才华，但我们调阅了您的信用记录后，非常遗憾地发现，您有两次乘车逃票受罚的记载。我们认为此事至少证明了两点：1.您不遵守规则；2.您不值得信任。鉴于以上原因，敝公司不敢冒昧地录用您，请见谅。"

直到此时，他才如梦方醒，懊悔不已。

生活中，有的人总把自己看作"智多星"，把别人看成"糊涂蛋"，动不动就对别人用心计、耍手腕，把自己所拥有的那点小聪明发挥到极致。他们或以谎言取巧，或以诈术牟利，以致在生活中成为别人厌恶的对象。

其实，这种以欺诈处世者活得很累，每遇重大事项，靠说谎取巧者常担心谎言被人戳穿，靠行诈牟利者要提防诈术被人识破，心术不正的人往往因此而食不甘味、寝不安眠。欺诈并非处世久计，失掉诚信，就失去了立身之本。

诚实地待人处世，不仅对个人的心理健康有益，而且有助于消除人际间的种种猜疑，有利于增进人际间的互信与团结。如果一个人一开始就有坚定的意志，保证他所说的每一句话都是完全真实的，他的每一个诺言都要兑现，每一个约定都要忠实地遵守；如果他把自己的声誉看作无价之宝，觉得全世界的人们都在注视着他，他不能说一丝一毫的谎话；如果他在人生之初就有这样的立场，那么他最终就会获得无上的荣誉，获得所有人的信任，成为一个有卓越影响力的人。

魔力悄悄话

培根说："诚实守信是为人处事第一原则。"朋友，不管你身处何处，涉世未深还是历经世事变迁，沧海桑田，请你相信诚信，保持诚信，坚守诚信。你才能守住心灵的契约，赢得做人的尊严，最终会成就一番大业。

守时是诚信的一种

恪守时间是使人信任的前提,会给人带来好名声。恪守时间的人一般都不会失言或违约,都是可靠和值得信赖的。所以,青少年朋友如果想成为一个有影响力的人,就不仅要懂得如何珍惜自己的时间,而且要特别珍惜别人的时间。

守时是走向社会的第一步,也是一个人打开信用之门的第一把钥匙。如果你尊重别人,那就从尊重别人的时间开始。

科学家康德就是一个惜时如金的人。有一次,他计划到一个名叫珀芬的小镇,去拜访朋友彼特斯。他曾写信给彼特斯,说3月2日上午11点钟前到他家。

康德是3月1日到达珀芬的,第二天早上便租了马车前往彼特斯家。朋友住在离小镇12英里远的一个农场里,小镇和农场间有一条河。当马车来到河边时,车夫说:"先生,不能再往前走了,桥坏了。"

康德看了看桥,发现中间已经断裂。河虽然不宽,但很深。他焦虑地问:"附近还有别的桥吗?""有,在上游6英里远的地方。"车夫回答说。

康德看了一眼表,已经10点钟了,问:"如果走那座桥,我们什么时候可以到达农场?""我想要12点半钟。""可如果我经过面前这座桥,最快能在什么时间到?""不到40分钟。"

"好!"康德跑到河边的一座农舍里,向主人打听道:"请问您的那间小屋要多少钱才肯出售?""给200法郎吧!"

康德付了钱,然后说:"如果您能马上从小屋上拆下几根长木板,20分钟内把桥修好,我将把小屋赠送给您。"

农夫把两个儿子叫来,按时完成了任务。马车快速地过了桥,10点50分赶到了农场。在门口迎候的彼特斯高兴地说:"亲爱的朋友,您真准时。"

康德把守时作为一种承诺，一分一秒也不肯耽误，他把迟到作为自己信誉的污点。为了守时，即使付出金钱也毫不在乎。

近年来，诚实守信在社会上的被重视程度逐渐提高。很多人都已认识到诚实守信的重要性，并希望自己能够成为一个有诚信的人。但不少人认为诚信的原则只是在大事中才能体现，而事实上要做到诚实守信，必须从小事做起，从恪守时间做起。

"路上堵车""起晚了""自行车坏了"……迟到者总是有千万条理由一一搪塞焦急等待着他们的人。或许，你认为迟到了，让别人等会儿，借由"等"的过程，才能体现出自己的重要性。但是别忘了，不能严格地遵守时间，是对你个人信用的极度摧残。

我们在今后要做的，就是在小事上提高自己的注意力，将守时的原则渗透到我们生活中的每一个细节。特别需要引起注意的是，在生活中，我们也许有过失信于人的经历，有些人会因此"破罐破摔"地反复践踏别人的时间，但我们真正应当以亡羊补牢的态度在今后的生活中努力改变自己不遵守时间的坏习惯。

魔力悄悄话

在这个世界上，生活着许多许多的人，而人与人之间的关系则是各式各样，主要分为友善的关系和恶劣的关系还有毫不相关的关系。而相互信任则是人际关系中最为重要的因素。如果人与人之间失去了起码的信任，人变得敏感、易怒、恍惚、神经质，从而让关系就会变得紧张恶化！

用信任约束自己

在《读者》上曾经刊载过一篇题为《信任也是一种约束》的文章,文章中讲述了这样一个故事:

记得 1994 年我在加拿大渥太华的卡尔顿大学做访问学者时,夏天到纽约旅游。那天特意去参观仰慕已久的大都会博物馆。门口售票处的牌子上明码标价成人票价——16 美元;学生——8 美元。尽管我很清楚,美国人指的学生,不仅仅是在美国学习的学生,而且是来自世界上任何一个国家的学生,但我还是吃不准自己算不算学生。访问学者平时也与研究生一起听课。可以说是学生,但又没有像学生一样交学费,也没有学生证。我有心省下 8 美元,可又怕售票员要我出示学生证。万一弄得让人家怀疑咱撒谎,既丢"人格",又失"国格"。

踌躇良久,我想了个两全其策。我向售票小姐递出 16 美元,同时又对她说,"我是从加拿大来的学生,如果……"我的下半句话是,"如果访问学者也能够算的话。"

可她还没等我把话说完,就面带微笑地问:"几个人?"

"一个",我回答说。

她很快递给我一个做通行证用的徽标和找回的 8 美元,并笑着说,"祝你在这里度过愉快的一天。"全然没有顾及我一脑门子的"思想斗争"。

的确,那天我的心情一直很愉快,不仅仅是因为欣赏了大都会博物馆精美的艺术和省下了 8 美元。有了这种愉快的经历后,心里就时时想着珍惜它,就像一旦得到别人的尊重,就会加倍自重自爱一样。

时隔 6 年,去年夏天我带妻子和女儿参观纽约大都会博物馆。门票价格依然如故,但我的身份已不再是当年的访问学者,而是挣工资的驻美记者。尽管我和妻子从外表来看要充当学生仍绰绰有余,但出于对"信任"的珍惜,也为了自重自爱,我毫不犹豫地买了两个成人、一个儿童的门票。尽管多花了16美元,但心情与上次一样愉快,因为我没有辜负别人的信任。

文章的作者用自己的亲身经历向我们传递了这样一个信息:信任也是一种约束。这种约束一方面来自彼此真诚的互信,另一方面也来自一个人生存所必需的道德要求,否则这个人将难以生存。

对青少年来说,**在生活和学习中,信任同样是一种约束,信任他人所产生的力量是无可比拟的**。当一位老师信任他的学生时,即使再调皮、成绩再差的学生也会努力上进,为的就是不辜负老师的信任。而如果一个人不被他人信任,他就会因怀疑而无法发挥出固有的能力,结果可能表现更加拙劣,甚至破罐破摔,对自己失去信心。

在老师和同学的眼里,张杰是一个名副其实的"劣等生",不但学习成绩差,在个人行为上也是无拘无束。一次,因为一个学生不小心撞了他一下,他就当着许多老师和同学的面,对这个学生破口大骂。这件事在学校产生了很恶劣的影响,他的班主任老师更是一肚子怒气和怨气。因为在此前,班主任曾多次找张杰谈心和聊天,希望他能够"改邪归正",做一个好学生。看到自己的努力付之东流,班主任在气愤之余找张杰谈话。

班主任问张杰:"你当时为什么要那样做呢?"他把头一扭,不屑地说:"你管得着吗?"眼神里充满了挑衅。班主任努力控制着自己的情绪,说:"先不谈我管得着与管不着的问题,作为一个男子汉,你也应该告诉一下关心你的老师,你为什么要那样做?"在班主任多次询问下,张杰终于低下了头。说:"因为你们不信任我,总把我当作一个坏人。我也是有自尊心的。上次数学考试,有一道难题,全班只有三个同学做对了,其中包括我,数学老师不信任我,说我是照抄的;打扫宿舍掏床底的时候,我发现床底下的一个钱包,那个钱包正是几个星期前同学丢的,我当时很高兴自己能帮同学找到钱包,当我把钱包给他的时候,他十分不信任地望着我,却说钱包是我偷的,是我预演了这场戏来欺骗老师与同学。我也想做一个好学生,可是没有人相信我,老师,你知不知道,信任也是一种约束。如果当时数学老师信任我的话,我肯定会更努力地学习;如果当时同学信任我,我会为班级、为同学做更多的好事。"说到这里,他已是泪流满面。

班主任听了他的话,非常震惊,原来信任是比赞赏、惩罚、表扬、批评都更有力量的教育方式。

张杰由于对他人信任的极度渴望而得不到满足,才会一步步堕落。**每个人都希望获得信任,信任是友谊的基础,是进步的力量。** 在自己生活的小环境中,猜疑、防范别人是维护人际关系的大敌。如果缺少信任,人就会产生心理上的不安全感,会引起心理紧张,影响团结。而信任可以自发形成一些良好规范,制约人的行为。有时候,这种约束力甚至比那些"条条框框"的规定的作用更为强大。

魔力悄悄话

所谓信任,就是对别人的放心、相信。人一旦对谁失去了信任,就对其失去安全感。如果你不想变成一个悲哀的人,就请诚实地对人,做个言而有信的人。

你是个诚实的人吗

诚实、正直与信誉是一个人成功必不可少的因素。**梁启超先生曾说："心口如一，就不失为光明磊落丈夫之行也。"**

一位父亲在教育孩子时曾经说过："绝对不要说谎，一句谎言也不可以说。只要说一句谎言，就必须说15句谎言来掩饰。"一句谎言需要15句来掩饰……有一句俗语叫作"纸里包不住火"，是谎言，总会有被揭穿的那一天。

事实上，说谎或说假话，是一桩很累人的事。**一位哲人说得好："一旦撒了一次谎，就需要有很好的记忆全力把它记住。"**为了圆一个小谎，就要说一个更大的谎。谎言就是这样把撒谎者一步步逼上了不归之路。其实很多骗子就是这样从小骗变为大骗、巨骗的，最终落得个触犯法律、身败名裂的下场。著名的宗教改革者马丁·路德一针见血地说："谎言就像雪团，会越滚越大。"而这无法控制的雪团只会毁掉说谎者。

卢梭是法国著名的革命家、哲学家。但是他小时候却做过一件令他十分懊悔的事情。

卢梭为了生存，经人介绍，在一个有钱人家里打工。一天，这家的女主人去世了，家里非常混乱。卢梭趁机偷偷拿了这家小姐的一条绣带，谁也没有看到。卢梭当时只是觉得好玩才拿的，也没有怎么特意藏起来，不久就被发现了。老管家把卢梭叫到跟前，拿着那条绣带问卢梭："这条绣带是哪里来的？"卢梭当时非常紧张，支支吾吾了半天，说："是马里翁送给我的。"

马里翁是家里的厨娘，比卢梭大几岁，不但人长得漂亮，而且乖巧、谦虚、诚实，大家都很喜欢她。听说是马里翁偷了绣带，大家都不相信。

于是，管家又把那个姑娘叫来，让她和卢梭当面对质。卢梭由于做贼心虚，指着马里翁抢先大声地说："就是她！是她把那个东西送给我的。"

姑娘吃惊地瞪大眼睛看着卢梭，好半天才说："不是的，管家。我根本不知道这件事。我也没见过这条绣带。"

卢梭仍然硬着头皮说："你撒谎,就是你送给我的。"

姑娘用一双无辜的眼睛看着卢梭,说:"卢梭,求你说实话,可不要因为一条绣带断送了我的前途啊!"卢梭虽然知道这样诬陷他人是不对的,可是又不好意思反悔,只好继续很无耻地指控那位姑娘。

姑娘很气愤,对卢梭说:"卢梭,我原来以为你是个好人,想不到你是个爱撒谎的坏孩子。我看错你了。"

她转过头去,继续为自己辩解,再没有搭理卢梭。因为她不屑于和这样不诚实的人争论。由于卢梭和马里翁都不承认是自己偷拿了绣带,管家只好把两个人都辞退了,并且说:"撒谎者的良心会惩罚罪人的。它是会为无辜的人找回公道的。"

老管家的预言果然没有落空,卢梭从此受到了来自良心的强烈谴责。他时常会想起那双无辜而善良的眼睛。一想到由于自己的不诚实,使得马里翁丢掉工作,白白顶上小偷的罪名,并且很难再得到他人的信任,找到合适的工作,卢梭就有说不出的难过,就好像有千万只小虫子在咬他的心一样。

卢梭没有勇气承认自己的错误,反而错上加错,诬陷了善良无辜的马里翁。他逃脱了法律的制裁,却没有逃脱良心的谴责。卢梭终生都得承受着这种痛苦。如果再给卢梭一次机会,他一定会毫不犹豫地对老管家说:"对不起,先生,是我拿的。这是我的错,这件事情与马里翁无关。"

生命不可能从谎言中开出灿烂的鲜花。说谎不仅不能够隐瞒真相,而且还会给说谎者在道德上和精神上带来巨大的压力,既危害别人,同时又伤害了自己。

魔力悄悄话

周恩来说过:"自以为聪明的人,往往是没有好下场的,世界上最聪明的人就是最老实的人,因为只有老实的人才能经得起事实和历史的考验。"因此,我们一定要摒弃说谎的坏习惯,为自己树立一个诚实正直的好名声。

诚信是无形的财富

诚信是一个人无形的财富。但是,现在有些人不惜为了一时的利益而出卖自己的人格。如果连自己的宝贵人格都出卖了,即便能获得一些名利,那又有什么意义呢? 我们要时刻记住一句话:**有多少人信任你,你就拥有多少次成功的机会。**

赵琳和李欣两个人在一家公司工作,平时关系相处得很不错。

年终,公司搞推广策划评比,每个人都可以拿方案,优胜者有奖。赵琳觉得这是一个好机会。经过半个月的深入调研,加上平时对市场工作的观察思考,赵琳很快作出了一个非常出色的策划案。

方案征集截止日的最后一天,李欣突然叹了一口气说:"哎,赵琳,我还真有点紧张,心里没底啊。你帮我看看方案,提提意见。"赵琳连想都没想就答应了。李欣的策划很是一般,没有什么创意,赵琳看完没好意思说什么。

李欣用探究的目光盯着赵琳,说:"让我也看看你的方案吧。"赵琳心里一阵懊悔,可自己刚才看了人家的,现在没有理由不让别人看。好在明天就要开大会了,她想改也来不及了。第二天开会,李欣因为资历老,按次序先发言,李欣讲述的方案跟赵琳的方案一模一样,在讲解时,她对老板说:"很遗憾,我现在只能讲述自己的口头方案,电脑染了病毒,文件被毁了,我会尽快整理出书面材料。"

赵琳目瞪口呆.她没想到李欣抢自己的功劳,她不敢把自己的方案交上去,也不敢申诉,她资历浅,怕老板不相信自己。只好伤心地离开了这家公司。

李欣的方案获得老板的认可,因为方案不是她自己的,有些细节不清楚,在执行方案时出了一点漏洞,又无法及时修正,结果失败。后来老板得知这是别人的方案,就无情地炒了她鱿鱼。

不是你的东西，就不要去抢。在学习和生活中，别人的功劳是属于别人的，不论别人知道与否，你抢来总归是不光彩的。而且，这种行为终将被揭穿，当真相大白时，你的脸面何存？不仅被抢者会视你为敌人，而且你做人的信用也将荡然无存，失去别人对你的尊重。

如果一个人的声誉丧失了，还有什么方法能够弥补呢？这几乎是不可能的。所以，坚守诚实正直的本性，才是最聪明、最理智的做法。

1829年，年方20岁的门德尔松开始了他第一次的旅行演出生涯。他的事迹遍及了欧洲各个文化名城，当他到英国演出时，由于他的艺术才华，伦敦人对他的演奏崇拜得五体投地，他的演出轰动了整个伦敦。消息很快传到了维多利亚女皇那里，女皇也想见见这位年轻的天才音乐家。

于是维多利亚女皇热诚地邀请门德尔松进宫，并特意在白金汉宫为他举行了盛大的招待会。为答谢女皇的盛情，门德尔松为女皇演奏了几支曲子。

晴朗的夜晚，一弯明月悬挂在白金汉宫的上空，人们静静地欣赏着，为他精彩的演奏所倾倒。女皇也听得入了迷。

当门德尔松刚刚演奏完《伊塔尔兹》一曲，维多利亚女皇便不禁连声称赞这支曲子作得好，并说："单凭你能写出这样动人的曲子，就可以证明你是一个十分了不起的音乐天才！"参加招待会的其他人更是赞不绝口。听到这赞扬声，门德尔松不但没有高兴，脸反而一下子红到耳根，急忙说道："不，不，不，这支钢琴曲不是我作的。"所有在场的人都不相信，认为他这样说是太谦虚了。女皇说："你太自谦了，只有你这样的天才，才能谱出如此优美动听的曲子。"

但是，门德尔松却认真地向女王和在场的人们解释道："这支曲子真的不是我写的，而是我妹妹芬妮亚的作品。"

原来，门德尔松出生在德国一个有名的知识分子家庭里，那时像梅涅、歌德这样的名人，都是他家的常客。在这些人的影响下，他和妹妹从小就对艺术有着浓厚的兴趣。妹妹芬妮亚天资聪慧，因而也成了一个相当出色的作曲家。只是由于门德尔松的家庭不赞成用女人的名字发表作品，所以妹妹才用了门德尔松的名字。

虽然别人并不知道这件事，可是诚实的门德尔松却不欺世盗名，在大庭广众面前公布了这支曲子的真正作者。门德尔松的诚实使他赢得了维多利亚女皇以及在场每个人的尊重，也正是这种诚实的品质使他能够在天才的光环下仍然保持谦虚认真、勤奋不懈的创作态度，为后世留下了大量淳朴典雅、清新自然的音乐作品。

魔力悄悄话

诚信是一个人最美丽的外衣，是心灵深处最圣洁的鲜花。孔子说："民无信不立。"蓦然回首时，我们发现，最有价值的东西总能穿越时空，沉淀成永恒的真理。

铸就诚实正直的品质

诚实正直的品质对孩子身心发展起着重要作用。一些家长认为，面对今天越来越复杂的社会，培养孩子诚实正直品质就意味着让孩子有什么说什么，对人对事开诚布公，有意见当面提，结果势必使孩子得罪人、吃亏。家长这种说法固然有一定道理，但是，需要提醒家长的是：孩子在儿童期，特别是幼年阶段，其成长的主要养料就是真、善、美。那么，如何让自己的孩子在这一关键期里，心灵尽可能不受外界干扰而接受真、善、美的雨露滋润呢？这既是父母应尽的社会责任，也是父母慈爱之心的真实写照。所以如何培养孩子诚实正直的品质，是今天家长们所面临的一个重要课题。

美国第一任总统乔治·华盛顿小时候聪明好动。有一次，他为了试试自己的小斧头是否锋利，竟把父亲一棵心爱的樱桃树砍倒了。父亲发现后，大发脾气："这是谁干的？"

乔治·华盛顿心里有些紧张，但他想了想之后，还是勇敢地走到父亲面前，带着羞愧的神色说："爸爸，是我干的。"父亲说："孩子，承认把我喜欢的樱桃树砍倒了，你不知道要挨打吗？"华盛顿见父亲怒气未消，便诚恳地回答说："可我告诉您的是事实啊。"

父亲听了华盛顿的话，气消了，高兴地说："我很高兴你讲真话，我宁愿不要1000棵樱桃树，也不愿听到你撒谎。"华盛顿从父亲的眼里看到了原谅和期望的目光，这使他受到了莫大的鼓舞和鞭策。华盛顿正是在这样的家教影响下，养成了诚实的品质。

那么，父母应该怎么培养孩子诚实正直的优良品质呢？

一、要给孩子做诚实的榜样

诚实，是每个人都应具备的品质，家长要培养孩子诚实、正直的优良品质,首先要以身作则,为孩子树立学习的榜样。在家庭这一孩子第一课堂里,身教重于言教是一条非常重要的教育原则。家长的言行时刻影响着孩子,教育着孩子。

二、要鼓励孩子说老实话

孩子有了过错,当他如实向父母汇报以后,父母一定要正确对待。错误自然要批评,因为这种批评是让孩子明是非,辨善恶,是对他一辈子负责。但另一方面,父母不但不能由于孩子承认过错而加重责罚,还要对孩子老实认错的行为给予表扬。这种表扬可以巩固孩子"说老实话"这一美德,同时,这对孩子勇于改正错误,极有好处。

要防止孩子说谎,教育孩子诚实,光讲道理不行,要有行为规范的具体要求,让孩子从小就按诚实的标准来严格要求自己,自觉养成良好的习惯。因此,父母要针对孩子的实际情况,提出"几要几不要"的具体要求,比如不拿人家的东西,不讲假话,不编瞎话,不说大话,不谎报成绩等。

三、适当惩戒

有些父母采取惩戒的方法纠正孩子的说谎。这种为"戒"而"罚",也是爱的基本方式之一,然而这又是一种带有风险的爱,因为孩子容易抵触施加惩戒的人。但是,如果你的惩戒出于爱心,又使用得合理、巧妙,事后讲清道理,孩子会受益很大,并心悦诚服。在认真耐心的教育之后,孩子仍出现说谎的行为,可以采取一定的惩罚措施。著名作家冰心曾建议用肥皂洗嘴的办法惩罚孩子说谎。我们可以创造一些有效的措施,如朗诵一个讲诚实的故事,抄写一段论诚实的名人名言,写一篇讨论诚实问题的日记或文章,取消一次外出游玩的安排等。

魔力悄悄话

诚信是一枚凝重的砝码,放上它生命不再摇摆不定,天平立即稳稳地倾向一端。诚信是一轮朗耀的明月,唯有与高处的皎洁对视,才能沉淀出对待生命的真正态度。诚信是一道山巅的流水,能够洗尽浮华,洗尽躁动,洗尽虚假,留下启悟心灵的妙谛。

生命诚可贵，诚信价更高

一个人一旦失去了诚信，最先失去的是亲朋好友，人没有了亲友就如同鸟儿失去了展翅的羽翼，小船失去了前行的双桨，人失去了思维的大脑。每一个人都能做到诚实守信，社会才会变得更加和谐更加阳光，人格魅力才能变得高尚令人敬仰。

如果你在处世上失去了诚信，同行憎恶你，乡邻孤立你，是否感到你的世界一片黑暗，在这一刻你是否回想自己做到了诚信吗？

如果你在年迈时失去了诚信，家人责怪你，邻里辱骂你，是否觉得你的生命还有意义？在这一刻你是否回想自己做到了诚信吗？

如果你在生意场上拆借资金时候失去了诚信，客户与你断绝交往，没有人再敢为你融资，没人再敢同你做生意，到处说你不守信用，你就成了无源之水无本之木了，更无立锥之地了。客户失去的是讨不回的几个货（借）款，而你失去的是道义、是无价买不回来的人们心目中的信赖关系，别人见了你就像见到瘟疫一样地躲避你。身边没有一个朋友，没人和你叙上一句知心话，没感觉到你在这个世上活得很悲哀吗？

当你沦落到一个乞丐，甚至跪地乞讨时也没人会怜悯你的，这时的你还没有意识到诚信对一个人多么重要吗？既然意识到了就应该和你的客户在生意上不扯皮，资金上算清晰，该算的算该还的还，好借好还再借不难。做人做事要让人看得起，要让人感觉得到钱借给你心里放心，要让人感觉得到和你做买卖心里踏实才行。

诚信中的诚，即真诚、诚实；信，即守承诺、讲信用。诚信的基本含义是守诺、践约、无欺。通俗地表述，就是说老实话、办老实事、做老实人。人生活在社会中，总要与他人和社会发生关系。处理这种关系必须遵从一定的规则，有章必循，有诺必践；否则，个人就失去立身之本，社会就失去运行之规。哲人的"人而无信，不知其可也"，诗人的"三杯吐然诺，五岳倒为轻"，民间的"一言既出,驷马难追",都极言诚信的重要。几千年来,"一诺千金"的佳话不绝于史,广为流传。诚信是公民道德的一个基本规范,诚实守信是中华民族的传统美德。诚信就是自己的金字招牌,不管走到哪里,好的品行都会被别人认可。有的人不因生意失败欠下债务与债权人藏奸要赖,却想方设法地归还债务。当年无人不知的巨人集团老总史玉柱做脑白金红遍大江南北,因在珠海欲建百层巨人大厦资金链断裂酿成企业背负 2.5 亿债务,后来重整旗鼓得到多家银行扶持又做起黄金搭档重新站立了起来。你从中悟到了什么? **诚信重于天,大于命。**

生命固然重要,而诚信比生命更重要。如果人失去诚信,就如同生命失去灵魂一样。因为失去了诚信,你会觉得没有人在你孤单时陪你聊天、畅谈;因为失去了诚信,你会觉得自己走在哪里,背后都有人指指点点;因为失去了诚信,你的儿孙因你坑蒙拐骗抬不起头来,他们踏入社会处世时会因你的污点,世人一样会远离他歧视他,会背上沉重的精神包袱。作为父(母)亲一定不要做损害自己在孩子心目中高大形象的事情,父母的言行举止自幼时就潜移默化影响孩子,是孩子健康成长的摹本;你若在孩子心目中失去了应有位置,做有损孩子脸面的事情,孩子一生不仅不能原谅你,还憎恨你一辈子。

魔力悄悄话

谁都能想象到失去了诚信的结局,那就请你做个堂堂正正的诚信人。人穷不可怕,怕的就是失去诚信后越发恶劣。一旦没了信任,得不到任何人的扶助,将会自生自灭,带着遗憾孤独而悲惨地死去时无一亲友探送。

诚信胜金

信用是一个人的立身之本,守信用也就是守住自己的人品和人格,是以负责任的态度对待自己。

诚信这个词有点抽象,把它拆开来更方便理解:诚实、信任。诚实的道德约束力似乎只限于小孩子,成年人总能违背它找理由;只要实现更好的结果,诚实与否有什么要紧? 这是成年人的聪明,也是成年人的烦恼,机关算尽并不一定能改变结果,反而让人丧失了坦然的快乐,引来诸多瞻前顾后、患得患失。要是一路原本地走下去,会简单许多,也快乐许多。而所谓信任,则是相信别人也同样诚实。

宋濂小时候喜欢读书,但是家里很穷,也没钱买书,只好向人家借,每次借书,他都讲好期限,按时还书,从不违约,人们都乐意把书借给他,一次他借到一本书,越读越爱不释手,便决定把它抄下来。可是还书的期限快到了,他只好连夜抄书。时值隆冬腊月,滴水成冰。他母亲说:"孩子,都半夜了,这么寒冷,天亮再抄吧,人家又不是等书看。"宋濂说:"不管人家等不等着看,到期限就要还,这是信用问题,也是尊重别人的表现。如果说话做事不讲信用,失信于人,怎么可能得到别人的尊重?"

又有一次,宋濂去远方向一位著名学者请教,并约好见面日期。谁知出发那天下起鹅毛大雪,当宋濂挑起行李准备上路时,母亲惊讶地说:"这样的天气怎能出门呀? 再说,老师那里早已大雪封山了,你这件旧棉袄,也抵御不住山的寒啊!"宋濂说:"要是今天不出发就会误了拜师的日子,也就是失约了。失约,就是对老师的不尊重啊。所以风雪再大,我都得上路。"

当宋濂到达老师家里时,老师由衷地称赞说道:"年轻人,守信好学,将来必有出息!"

信用是一个人的立身之本,守信用也就是守住自己的人品和人格,是以负责任的态度对待别人,用严格的要求对待自己。

真正的守信者不轻易许诺。是否许诺,要以能否践约为唯一的衡量标准,所以一旦答应了别人,就一定要做到。

汉朝的季布,以真诚守信著称于世。**时人谚云:"得黄金百斤,不如得季布一诺。"**意思是说,季布许诺的事,比金子还要贵重。后来季布跟随项羽战败,为刘邦通缉,不少人都出来掩护他,使他安全渡过了难关。最后,季布凭着诚信还受到了汉王朝的重用。

"言必信,行必果",看似简单,做起来并不容易。在践约过程中,会有意想不到的阻力压来,因而守信者就更令人尊敬。

魔力悄悄话

当信用消失的时候,肉体就没有生命。

如果要别人诚信,首先要自己诚信。

人类最不道德的行为之一,是不诚实。

第三章
人格魅力源于自信

　　自信的人总是带给你信心和希望。自信的人，并不是处处比别人强的人。而是对事情有把握，知道自己的存在有价值，知道自己对环境有影响力。

　　与自信的人在一起，困难只是生活中一次不同的体验。健康的人格并不是没有自卑的人，而是了解自己的局限并坦然接受的人。

　　认识自己的局限，并接受自己的局限，了解自己的所长，并坚持自己的所长。不去做力所不及的事，但要把力所能及的事做好，这才是充满自信魅力的人。

自信是人格的核心

培养孩子健康的人格，离不开自信，可以说，**自信是人格的核心**。自信来源于积极的评价与鼓励，也来源于自我的接纳与信任，更在于不断累积的成就感。

相信自己，积极选择

自信首先应该包括乐观自强，相信自己的潜能，凡事作出积极的选择。有这样一个故事：

小镇中心有一个花园，只要不刮风下雨，一个十三四岁的小女孩傍晚都会来这里拉小提琴。她的周围渐渐站满了被她琴声吸引的人。

但是一场意外在女孩脸上留下了一道道疤痕，小女孩再也没去过花园。突然有一天，人们又听到了琴声，但拉琴的不是小女孩，而是小女孩的母亲。她站在女孩曾经拉琴的地方，笨拙地拉着小提琴，琴声听上去粗糙而且断断续续。一天、两天，一周、两周，每天黄昏，母亲都坚持着，她想用琴声唤起女儿美好的回忆。

一天，一个醉鬼闯进了花园，朝那位母亲吼道："你拉的小提琴是我听到的最难听的声音！"母亲的眼里第一次有了愤怒，她脸涨得通红，一字一句地说："我是拉给我女儿听的。如果你嫌难听，请捂上你的耳朵。"醉鬼开始纠缠，那些肮脏和刺人的话语让母亲泪眼欲滴。

这时，女孩走到人群中，她从母亲手里接过小提琴，坦然地仰起她那张不再漂亮的脸，她对那个醉鬼说："我妈妈只为我一个人拉琴，我觉得她才是世界上最好的小提琴手。"女孩从容地开始演奏那些人们熟悉的曲子。在她放下小提琴时,所有人都热烈地为她鼓掌。母亲上去搂住女儿,大声对她说:"孩子,我是想让你明白,你的脸和妈妈的琴声一样不够美,但我们应该有勇气把它拿出来见人!"

一个人最大的敌人就是自己。如果不够自信,当我们面对某一件事时,就会先自乱阵脚。而自信却能让人从容自如,让人内心生出一份必胜的信念。这份信念,是学习、工作的必需。**一个人一旦丧失了信心,就会迷失自我,无缘与成功女神相聚。**

建立自信,还需要坚定一个信念——只看自己所有的,不看自己没有的。一个人如果真的不幸有某些缺陷或者不足,应当接纳自己,并且相信事情都是分两面的,并从自怨自艾中走出来。

有一次,一所学校请从小就患脑性麻痹的黄美廉博士为孩子们进行一次关于生命的演讲。因为这种奇怪的病,黄美廉的五官已经错位,甚至可以说,她相貌丑陋。

当演讲到一个段落后,一个孩子小声地问:"黄博士,您从小就长成这个样子,请问您怎么看您自己?您从没有怨恨过吗?"大家心头一紧,真是太不懂事了,怎么可以在大庭广众之下问这个问题?

"我怎么看我自己?"黄美廉用粉笔在黑板上重重地写下这几个字。写完这个,她停下笔,歪着头,回头看着发问的同学,然后嫣然一笑,又转回头,在黑板上龙飞凤舞地写了起来:

一、我好可爱!

二、我的腿很长很美!

三、爸爸妈妈很爱我!

四、我会画画!我会写文章!

五、我有只可爱的猫!

六、……

教室内忽然鸦雀无声,没有人讲话。她回过头来定睛看着大家,再回过头去,在黑板上写下了她的结论:"我只看我所有的,不看我所没有的。"掌声在孩子中响起,黄美廉倾斜着身子站在讲台上,满足的笑容从她的嘴角荡漾开来,眼睛眯得更小了,有一种永远也不被击败的傲然写在她脸上。

　　形成了自信的信念以后，更需要学会在挫折中锤炼、巩固自己的自信心，否则自信将被扼杀。任何人在实现目标的过程中都不可能一帆风顺，一定会有很多困难和阻挠。能不能克服这些成功路上的阻碍，就要看有没有这份自信，来引发内心顽强的毅力，如果真能做到"咬定青山不放松"，自然可以"守得云开见月明"。

　　任何希望都是一粒种子，也许有很多人的手都曾捧过，都希望它能开出灿烂美丽的花，可是也有很多的手少了一份对希望之花的坚持，才使生命错过了一次美丽的花期。

　　家长和老师要像呵护珠宝一样呵护孩子的自信，帮助他建立，帮助他巩固，帮助他找到来自心灵的强大力量。自信不是一种姿态，也不是对自己喊的口号，自信是一种来自内心深处的认可，一种无需考虑勇气的承担。

魔力悄悄话

　　有人说：自信的微笑是一种令人愉悦的表情。面对一个微笑的人，你会感到她的自信与友好，这种自信也会感染你，使你有一丝亲切感；自信的微笑是一种含意与深远的身体语言，深沉的表达着一种心灵的慰藉和欣慰。

自信是成功的开始

一个人在生活中被别人打倒时,他会再次爬起来,而当他被自己打倒后,就很难站起来了,因为站起来的过程需要极大的自信。自信是人生成功的开始,人的成功之路必须伴着自信才能到达目的地。

有了自信,人才能达到自己所期望达到的境界,才能成为自己所希望成为的人,才能坚持自己所追求的信仰。

无论在什么情况下,自信者的格言都是:"我想我能,现在不能,以后一定会能的"!

只有自信的人才能改变周围的环境。自信并不是天生的,也不是人人都拥有的。

很多人因为出身、环境,以及境遇等原因,一直都不够自信,从小就在别人的训斥和看不起中长大,耳边充斥着"笨蛋、傻瓜"等字眼儿,无形中让他们无法形成自信。

有些人本来是非常自信的,但当他们遭遇过一些挫折,经历过一番生活折腾,尝过生活的苦辣酸甜后,慢慢变得不自信了,之前的失败不但不能让他们获得经验教训,反而成为他们做事的障碍。更有甚者竟然学会如何自己贬低自己,以此来预防生活的失败,他们认为,自信是一种危险的品质,人越自信,就越容易碰钉子,最后导致对于自己所擅长的事情也都无法做好了。

不管我们是从事什么样的职业,遇到过什么样的挫折,从现在开始我们都应该自信,因为我们每个人都是这个世界上独一无二的。

作为父母应该培养孩子的自信,作为上司应该给予下属肯定,作为朋友应该经常给对方鼓励。当你拥有了足够的自信,这个世界没有什么是你不能征服的。

建立自信的 5 个技巧

当你不得不离开安逸的环境时,你会如何应对?其实,不管是关门大甩卖,面试新工作,上台演讲还是参加各种活动,我们都会时不时地面临这种情形。

在类似上述那些具有挑战性的场合,建立自信可以让一切都变得不一样。自信可以让恐惧变得充满刺激。它可以打开新的思路、激励你,同时帮助你以难以置信的方式成长。那么建立自信的方法有哪些?

1. 硬着头皮,迎难而上

当尝试新的或者困难的事情时,你可以提前知晓的东西就那么多。很多时候,你就只有在那种现状下开始着手,然后再从错误中吸取教训和经验。也只有这样,你才可以积累到真正的经验。

这样做可以帮助你克服骄傲的心态,或许还会让你难堪(因为你在磕磕碰碰中成长)。不过,这其实没多大关系。如果别人处在你的位置,他们也会和你一样地艰难前行。总之,不要对自己太苛刻了。

请记住,大多数人不是生下来就是天才。即使是那些高智商的天才们也需要一个学习的过程,你也不例外。

帕布罗·毕加索曾经说过:"我总是做我不会的事情,以此才可能学习到更多。"值得鼓舞的是自信有滚雪球效应。如果你表现出自信,人们会更重视你,而你会更加自信。

2. 谨记:不要指望每个人都喜欢你

我们总是不由自主地相信,那些我们曾经做过的糟糕的事就是惹别人讨厌的事情。很多人都因为怕惹恼别人,或者被误解而干脆就不去做。我们宁愿在后院挖个洞,把愿望统统都埋进去。

不过,成功的企业家或商人知道不是每个人都喜欢他们。当你也处在他们的位置时,你也会冒犯一些人。这些人也许不会体谅你,也许并不懂你,也许本来就不喜欢你。事情本来就如此,那还需要去担心别人怎么看你吗?

不要因为害怕不受欢迎而阻碍你去挖掘你的真正潜能。如果经常担心别人怎么看你,那如何建立你的自信呢?不要幻想百分之百地被所有人接受,因为这根本不可能。所以,还是做一个真正的自我吧。

3.厚脸皮

如果想变得自信,那么你必须学会面对被拒绝。虽然每个人都被拒过,但很多时候,每当我们被拒时,总是感觉有个大大的"你太差劲了"涂在我们的前额一样。

谨记:拒绝并不代表你是怎样的一个人。当别人拒绝你的提议时,这不是说你很笨或你所有的想法都是差劲的。他们只是对你的某些主意不感兴趣而已。不要因为被拒绝而深深地困扰自己。做自己喜欢的,同时学会要厚脸皮。

4.问自己:问题到底有多糟糕

建立自信很艰难,因为我们太过于担心将来会怎样。当出了问题时,我们会担心有什么更糟糕的事情可能发生?此刻,问自己一下"问题到底有多糟糕"或许有帮助。

事情或许没有想象的那么糟糕。面对它,也许你已经处理了比这还要困难的多的状况。

即使彻底地失败,生活仍然要继续;你的朋友仍然会喜欢你;你的猫仍然会想被你抚摸;太阳明天仍然会升起。

总之,不要背离事实去夸大问题。

魔力悄悄话

自信的人谦卑。谦卑是为了掩饰内心的强大;自信的人快乐。快乐是因为懂得了人生的真谛;自信的人率真。率真是因为相信自己是可爱的。

不要陷入自卑的深渊

自卑是一种消极的自我评价或自我意识,即个体认为自己在某些方面不如他人而产生的消极情感。自卑的人总认为自己事事不如人,自惭形秽,丧失信心,进而悲观失望,不思进取。

也许我们忽略了这样的事情,就是总觉得自己不如人,殊不知,每个人都多多少少有自卑心理,只是面对自卑每个人的态度不同,对人生的影响也不同。著名的奥地利心理分析学家 A·阿德勒在《自卑与超越》一书中也提出了相似的观点,即他认为人类的所有行为,都是出自"自卑感"以及对于"自卑感"的克服和超越。阿德勒认为自卑感存在于每个人的身上,只是程度不同而已。**他说:"因为我们都发现,我们自己所处的地位是我们希望加以改进的,人类欲求的这种改进是无止境的,因为人类的需要是无止境的。所以人类不可能超越宇宙的博大与永恒,也无法挣脱自然法则的制约,也许这就是人类自卑的最终根源。"**确实,作为人性的弱点之一,自卑存在于每个人的内心深处,它是人的生命进程中难以回避的情感症结。

拿破仑·希尔讲述了三个孩子初次到动物园的事:

"当他们(三个孩子)站在狮子笼面前时,一个孩子躲在母亲背后全身发抖地说道:'我要回家!'第二个孩子站在原地,脸色苍白地用颤抖的声音说道:'我一点儿都不怕!'第三个孩子目不转睛地盯着狮子并问他的妈妈:'我能不能向它吐口水?'"事实上,这三个孩子都已经感到自己所处的劣势,他们在狮子面前都有自卑的感觉,但是,他们用自己的方式表现出了他们各自的感觉。所以,自卑感表现在哪一方面,表现为何种程度,是因人而异的,无论人们是否意识到,实际上都存在。但是,承认了自卑的存在并不就意味着听之任之,任凭自己的弱点自行存在和发展。

人格力——安能折腰事权贵

心理学实验证实,消极的自我防卫,会使精力大量地消耗在逃避困难和挫折的威胁上,因而往往难以用于"创造性的适应",使自己有所作为。这是自卑的消极方面。**自卑是一个人走向成功的最大障碍,是一条束缚成功的绳索,是成功最大的敌人。**

自卑的人总是妄自菲薄,认为自己比不上别人,进而悲观失望,严重者甚至会与成功失之交臂。

1951年,英国人弗兰克林从自己拍X射线的照片中发现了DNA的螺旋转向。她准备发表一次演讲,向外界公布自己的发现,但是因为她是一名女科学家,在当时那个有着严重性别歧视的时代里,她由于自卑心理作祟,最终放弃了演讲。1953年,科学家沃森和克里克从弗兰克林拍下的照片中发现了同一现象,并提出了DNA双螺旋结构的假说,这一假说具有划时代的意义,因为它标志着生物时代的到来,后来二人因此获得了诺贝尔医学奖,而弗兰克林则与该奖项擦肩而过。如果弗兰克林没有自卑,而坚信自己的假说,进一步进行深入研究,这个伟大的发现肯定会以她的名字载入史册。

自卑源自自我评价过低,或者太介意外界对自己的负面评价,源自没有正确地定位自己的人生坐标。内心的自卑,对于一个人的成长和发展是至关重要的,所以,人不要被自卑打垮,而是要超越自卑。自卑的反义词是自信。自卑的人,自己看不起自己;自信的人,自己相信自己。自信是一种感觉,有了这种感觉,人们才能怀着坚定的信心和希望,开始伟大而又光荣的事业。面对一生,自信的人说:我能成为理想中那样的人,我要掌握自己的命运。自卑的人会说:我不能成为自己想成为的那样的人,我只能随波逐流,被外力摆布。

唐拉德·希尔顿曾说,许多人一事无成,就是因为他们低估了自己的能力,妄自菲薄,以至缩小了自己的成就。为自卑所控制,其精神生活将会受到严重的束缚,聪明才智和创造力也会因此受到影响而无法正常发挥作用。

只有那些对自己具有充分信心的人,才敢于对各种人生险境进行挑战。而在心中燃烧自信火花的秘诀,在于"仔细观察你的潜能所在,然后慢慢地在那个领域里求索"。

比如,古代希腊的代蒙斯赛因斯,小时候患有口吃,可他迎难而上,刻苦练习,最后成了著名的演说家;美国的罗斯福总统,患有小儿麻痹症,但他没有因此放弃自己,最终成为美国总统;尼采身体羸弱,却专心研究权力哲学,成为一代大哲学家。

这些伟大的人之所以能克服自卑,获得成功,是因为他们认识到自卑带给我们的只有不幸,而如果我们抛弃它,换之以自信,在生活中以平和的心态对待周围的人和事情,我们的理想就有可能实现,我们就有可能获得真正的幸福生活。

曾任美国国会参议员的爱尔默·托马斯15岁时常常为忧虑恐惧和一些自我意识所困扰。与同龄人相比,他长得太高了,而且瘦得像只竹竿,站在同龄人中有种鹤立鸡群的感觉。更让他难过的是,他除了身体比别人高之外,在棒球比赛或赛跑各方面都不如人。因此,同学们常取笑他,给他起了一个"马脸"的外号。被同学这样取笑排斥,逐渐让他产生了自卑的心理,渐渐地他不喜欢见任何人,又因为住在农庄里,离公路很远,所以几乎碰不到几个陌生人,平常只能见到他的父母及兄弟姐妹。

虽然托马斯也被这些自卑情绪困扰,但托马斯没有任凭这些烦恼与恐惧占据自己的心灵。托马斯说:"如果我任凭自己这样消沉下去,我恐怕这辈子都无法翻身。一天24小时,我随时为自己的身材自怜,别的什么事也不能想。我的尴尬与惧怕实在难以用文字形容。我的母亲了解我的感受,她曾当过学校教师,因此告诉我:'儿子,你得去接受教育,既然你的体能状况如此,你只有靠智力谋生。'"

到了学校以后,发生了几件事情使得托马斯克服了自卑感。其中有一件事还带给了他勇气、希望与自信,改变了他今后的人生。这些事件的经过如下:

第一件:入学后八周,托马斯通过了一项考试,得到一份三级证书,可以到乡下的公立学校授课。虽然证书的有效期只有半年,但这是他有生以来,除了他母亲以外,第一次证明别人对他有信心。

第二件:一个乡下学校以月薪40美元的工资聘请他去教书,这更证明了别人对他的信心。

第三件:领到第一张支票后,他就到服装店,买了一套合身的服装。

第四件:这也是他生命中的转折点,战胜尴尬与自卑的最大胜利,这就是一年一度的集会。在集会上，他的母亲督促他参加集会举办的演讲比赛。当时这对他来说，简直是不可思议的事。他连单独跟一个人说话的勇气都没有，更何况是要面对那么多人。但是在母亲的坚持和鼓励下，他还是报名了，并且为这次演讲做了精心的准备。为了把演说内容记熟，他对着树木与牛群演练了上百遍。结果竟然超出了他本人的预料，他得了第二名，并且赢得了一年的师范学院奖学金。

后来托马斯在回忆自己的人生历程中，还不止一次说过："这四件事成为我一生的转折点。"

由此看来，自卑其实就是自己和自己过不去。也许你不漂亮，但是你很聪明；也许你不够聪明，但是你很善良。人有一万个理由自卑，也有一万个理由自信！丑小鸭变成白天鹅的秘密，就在于它勇敢地挺起了胸膛，骄傲地扇动了翅膀。

可见，自卑是可以克服的，如果我们整日被自卑的情绪占着，就如同披着海绵在雨中行走一样，包袱越来越重，直至压得喘不过气。这样的人整天萎靡不振、郁郁寡欢，自己将自己封闭起来，几乎断绝了与别人的交流与交往。这样的精神状态与生活方式显然与我们的时代格格不入，与现实的生活不合拍。现今，我们身处在一个开放和竞争的年代，人际交往更加频繁，只有充满自信，充满奋斗的激情和勇气，才不致被时代的洪流淹没，才会有所成就。

有一年，一位父亲带领年少的儿子去拜谒著名印象派画家凡·高的故居。当儿子看到狭小木屋里的种种简陋陈设后，心中感到十分奇怪，他问父亲：

"凡·高不是世界著名的画家吗？他难道不是百万富翁吗？"

父亲回答道："凡·高是一位连妻子都没娶上的穷人。他的画是在他穷困潦倒、贫病交加时创作的，当时并没有引起世人的注意，直到他过世若干年后才被世人认可。这就是艺术家的人生。"

这位父亲是一个水手，他每年都在大西洋各个港口之间往来穿梭。他的儿子就是在美国历史上首次荣获美国授予新闻记者的最高奖项——普利策新闻大奖的黑人记者伊东布拉格。

二十多年后，当功成名就的伊东布拉格回首童年岁月时，他不无感慨地说:"童年的时候,我们家里真的很穷,我的父母都依靠卖苦力为生。曾经有相当长的一段时间,我一直认为像我们这样地位低下的黑人孩子是绝对不可能有什么出息的。但是,是我的父亲用事实告诉我,上帝并不会因为一个人出身卑微就轻视他,不肯赐予他财富和地位。"

由这些真实的故事,我们可以充满信心和期待地说:"自卑是可以战胜的!"那么我们该如何去战胜自卑呢?

(1)自我暗示法

在平时的说话中,将以"不要……"开头的话改为以"务必……"开头的话,将"不可能"改为"必须"……将所有消极的语言改成为积极向上的语言。当面临某种情况信心不足时,不妨给自己壮胆:"我一定可以成功的!""别人能做到的我也能做到!"

(2)扬长避短法

任何一个人的存在都有价值,存在就是理由。将注意力集中到你擅长的领域,因为在这一领域,你有着别人浓厚的兴趣,能够全身心地投入其中,并且,你拥有比别人丰富的经验,你可以很快地取得优异的成绩,这对自信心的提升很有帮助。

(3)积极沟通法

人一旦有了自卑情绪,就会将内心封闭起来,不愿与人相处。造成这种行为的原因,在很大程度上是自己轻视自己,缺乏建立正常人际关系的信心。但是越是封闭自己的人,越会被人误解,从而导致进一步的自卑,自卑者一旦陷入了这样的恶性循环中,就很难走出来。平时多与周围的人交流沟通,让彼此多些了解认识,多结交一些朋友,互相鼓励,互相帮助,自卑感就会自动化解。

魔力悄悄话

自信的人宽容,宽容是因为悟透了宇宙的真相;自信的人和谐,和谐是因为天人合一,与自然融为一体;自信的人淡泊,淡泊是因为自己就是一个富翁。

孩子的自信源自父母的信任与支持

第一次参加家长会,幼儿园的老师说:"你的儿子有多动症,在板凳上连三分钟都坐不了,你最好带他去医院看一看。"

回家的路上,儿子问她老师都说了些什么,她鼻子一酸,差点流下泪来。因为全班30位小朋友,唯有他表现最差;唯有对他,老师表现出不屑。

然而她还是告诉她的儿子:"老师表扬你了,说宝宝原来在板凳上坐不了一分钟,现在能坐三分钟了。其他同学的妈妈都非常羡慕妈妈,因为全班只有宝宝进步了。"

那天晚上,她儿子破天荒吃了两碗米饭,并且没让她喂。

儿子上小学了。

家长会上,老师说:"全班50名同学,这次数学考试,你儿子排第40名,我们怀疑他智力上有些障碍,您最好能带他去医院查一查。"

回去的路上,她流下了泪。

然而,当她回到家里,却对坐在桌前的儿子说:"老师对你充满信心。他说了,你并不是个笨孩子,只要能细心些,会超过你的同桌,这次你的同桌排在21名。"

说这话时,她发现,儿子黯淡的眼神一下子充满了光,沮丧的脸一下子舒展开来。

她甚至发现,儿子温顺得让她吃惊,好像长大了许多。第二天上学时,去得比平时都要早。

孩子上了初中,又一次家长会。

她坐在儿子的座位上,等着老师点她儿子的名字,因为每次家长会,她儿子的名字在差生的行列中总是被点到。

然而,这次却出乎她的预料,直到结束,都没听到。

她有些不习惯。临别,去问老师,老师告诉她:"按你儿子现在的成绩,考重点高中有点危险。"

她怀着惊喜的心情走出校门,此时她发现儿子在等她。

路上她扶着儿子的肩,心里有一种说不出的甜蜜,她告诉儿子:"班主任对你非常满意,他说了,只要你努力,很有希望考上重点高中。"

高中毕业了。

第一批大学录取通知书下达时,学校打电话让她儿子到学校去一趟。

她有一种预感,她儿子被清华录取了,因为在报考时,她给儿子说过,她相信他能考取这所学校。

她儿子从学校回来,把一封印有清华大学招生办公室的特快专递交到她的手,突然转身跑到自己的房间里大哭起来。

儿子边哭边说:"妈妈,我知道我不是个聪明的孩子,可是,这个世界上只有你最能欣赏我……"

一句鼓励的话可改变一个人的观念与行为! 甚至改变一个人的命运! 一句负面的话可刺伤一个人的心灵与身体! 甚至毁灭一个人的未来!

魔力悄悄话

如果有一个人连自己都不相信,还能指望别人相信吗? 要相信自己一定能行。具有强烈自信心的人,能够承受各种考验、挫折和失败,这种自信心会使我们受用一生。

不自信就会害怕失败

"什么是失败?"腓力说,"不是别的,失败只是走上较高地位的第一阶段。"而害怕失败的人,内心脆弱,无法承受失败一次的打击,他们不但记住失败的情景,还情绪化地将失败深植于心中,然后一蹶不振。而真正的强者,虽会遭遇挫败但仍积极乐观,从每一次失败中吸取教训,从而在下一次能有较好的表现。许多人的成功,就是受赐于先前的种种失败。假使没有遭遇过失败,他恐怕反而不能得到最终的胜利。对于有骨气、有作为的人,失败反而会增加他的决心与勇气。

其实,只要正视失败,将失败看作是走向成功的一个必经阶段,然后去面对,那么失败也就没有什么可怕的了。

每个成功者都曾经失败过,但他们并不相信自己是永远的失败者,否则,他们就不可能获得成功。一个真正的成功者,他在面对打击、挫折时,刚开始可能也会失望、消沉,甚至有过放弃的念头,但他们肯定会慢慢地调整自己的态度,最后走到正确的轨道上,所以才收获了成功的果实。

一个真正想获得成功、拥有幸福的人,就应该生命不息,奋斗不止。因为只要奋斗就会进步,就有成功的希望。

从一名普通的报社抄写员到著名的幽默漫画作家,欧玛·贝庞的经历颇具传奇色彩。她很早就投入了新闻业,她的第一份工作是担任一家城市小报社的抄写员。当时她还是一名少女,该报社的一名管理者曾经劝她说:"放弃写作吧,这并不适合你。"她拒绝接受这个建议,不久后就进入了俄亥俄州州立大学读书,后来又转入代顿大学,并在1949年获得了硕士学位。毕业后,她正式开始了自己的写作生涯——负责报纸的广告版和女士版的写作。

然而就在刚刚有所希望的时候,她遭受了重大的打击。她在这一年结婚了,婚后,她最渴望的就是拥有自己的孩子,但医生却告诉她她不能怀孕,这对一个女人来说是多么大的打击啊!两年后,正当她从失望的阴影中走出来,开始专心工作的时候,却惊奇地发现自己怀孕了。但这并没给她带来好运,等待她的是更多的挫折和打击。她在后来的两年里怀孕四次,但只有两个孩子存活了下来,她甚至差点因为难产而丧命。

1964年秋,她终于说服了另一家城市小报的主编,让她负责撰写该报的幽默专栏。尽管每篇稿件的稿酬只有5美元,但她还是对这份得来不易的工作充满了热情。一年之后,她又在另一家报纸上开辟了自己的幽默专栏。从1964到1967年的五年时间里,她的文章和画作相继在900多家报刊上刊登发表。

在去世前的三十多年时间里,欧玛·贝庞一直从事着自己热爱的幽默专栏写作,担任了许多家报刊的专栏作家。她先后出版了15本书,还经常亮相《早安,美国》。就在去世的前几周,她仍坚持在报刊上发表幽默连环画作品。

生前,欧玛·贝庞曾多次应邀到著名大学去演讲。在演讲中,她曾无数次对观众讲起这样一段话:"现在我站在讲台上而你们在台下,并不是因为我的成功,相反,正是因为我的失败。我失败的次数比你们多,受到的打击比你们多——我的一本喜剧集在贝鲁特只卖出了两本;我历经两年为百老汇写的电视剧本从未展现在百老汇的舞台;我的一次新书签售会上,总共只有两个人参加,其中一个想问我卫生间在哪里,另一个想买我用的桌子……你必须告诉自己:我不是一个失败者,我只不过是没有把某件事情做好。这是两种完全不同的态度,等待你的也将是两种截然不同的结果。不管是我的个人生活还是职业生涯,都是一条崎岖而坎坷的道路,我曾经求职失败,工作中受打击,遭遇生育难题,失去父母……但我都扛过来了,要不然我现在也不会站在这里,甚至可能早已告别世界。"

失败是人生的熔炉,它可以把人烤死,也可以使人变得坚强、自信。如果你曾经在失败面前昂首挺胸,当在你年迈时,你也可以像欧玛·贝庞一样自豪地对自己的子孙后代说:"我将失败战胜了!"

你更不能抱怨生活给了你太多的磨难,也不必抱怨生命中有太多的曲折。大海如果失去了巨浪的翻滚,就会失去雄浑;沙漠如果失去了飞沙的狂舞,就会失去壮观;人生如果仅去求得两点一线的一帆风顺,生命也就失去了存在的魅力。

我们在失败时一定要昂首挺胸,同时也要学会主动与他人交往。遇到挫折而气馁的人,常常垂头是失败的表现,是没有力量的表现,是丧失信心的表现。成功的人,得意的人,获得胜利的人总是昂首挺胸,意气风发。昂首挺胸是富有力量的表现,是自信的表现。凡是真正大的智慧,往往源于失败的教训。古今中外,大多数成功者都经历过失败,可贵的是他们的勇气。马克·吐温经商失意,弃商从文,结果一举成名,因为他曾经微笑面对过失败。巴尔扎克说:"世界上的事情永远不是绝对的,结果因人而异,苦难对于天才是一块垫脚石,对能干的人是一笔财富,对于弱者是一个万丈深渊。"只有在失败中吸取经验教训,体会方法,思考原因,这样,我们才会变得成熟,才会成功。

你失败了,于是你感到无助、胆怯、彷徨……面对接连的失败,你也许会受不了打击,不知道该怎么办。英国著名演讲家布朗曾说过:"失败只是一次经历,而绝不是人生。"失败并不可怕,只要你找出失败的真正原因,以积极的心态去善待失败,那么,失败就会远离你!但是,如果你不敢接受失败,一味逃避失败,在失败面前总是寻找一些客观的理由,那你就犹如掉进万丈深渊,你的生活就会灰暗一片。

爱默生说:"一个伟大、高贵人物的最明显的标志,就是他的坚忍的意志。不管环境变换到何种地步,他的初衷与希望,仍不会有丝毫的改变,而终至克服阻碍,以达到企望的目的。"跌倒了以后,立刻站立起来,在失败中去争取胜利,这是自古以来伟大人物的成功秘诀。

哥伦布曾在意大利北部城市帕维亚的帕维亚大学攻读天文学、几何学以及宇宙志、《马可·波罗游记》、地理学家的理论、海员的报告和传说、由海外传来的非欧洲血统的有关海事的艺术和技艺的著作——所有这些都激发了他的想象。

过了好几年,他逐渐产生了一个坚定的信念:根据归纳推理,世界是一个球体。根据演绎推理,可知从西班牙向西航行能到达亚洲大陆,正像马可·波罗向东航行到达了亚洲大陆一样。他怀着炽热的心情想去证实他的理论。他开始寻找必要的财政后盾、船只和人员,以便去探索未知的东西,寻找更多的东西。

他开始行动了！他把心力始终贯注在目标上。在长达十年的时间内，他总是差一点就取得了必要的帮助。但是，国王的欺诈、人们的嘲笑和怀疑、政府下级官员的恐惧，还有一些商人不讲信用——他们原要帮助他，但在最后由于他们科学顾问的怀疑，拒绝给予援助——给哥伦布带来了一连串的失败，但他仍然不断地努力。

直到1492年，他终于得到了他坚持不懈地寻找和企盼的帮助。那年8月，他开始向西航行，打算前往日本、中国和印度。

哥伦布在加勒比海登陆以后，就带着金子、棉花、鹦鹉、珍奇的武器、神秘的植物、不知名的小鸟和野兽以及几个土人回到了西班牙。他认为他已到达了他的目的地——印度以外的岛屿，但实际上他没有到达亚洲。哥伦布虽然未能立即认识到这一点，但他却发现了更多的东西，相当多的东西！

其实，在这个世界上，没有永远的失败，失败的往往是我们对待问题的方法和态度。所以，很多时候，埋没天才的不是别人，恰恰是自己。

那么如何才能从失败走向成功呢？

首先，我们要走出失败所带来的负面情绪。

如果"失败"这一结果对你产生过重的思想负担，即使你能够忘掉它，心灵深处也会留下害怕失败的阴影，以后遇事总会不自觉地受到之前失败的影响，会让你变得越来越消极、越来越畏手畏脚。因此，必须想办法尽快走出失败的阴影。比如看一些励志的书或者影片，做一些能让自己充满自信充满斗志的事情或游戏等。

其次，在心理上能正视失败，冷静地找出失败的原因。

失败的原因中除了自己能力不足之外，还有各种外部的因素。有很多事情是无论谁来做都会遭到同样的失败，只要具体的分析失败的原因，就会知道哪些方面是自己的原因，哪些方面是外因。然后针对内外因拿出不同的应对方案，今后如果再遇到这种情况，就会避免失败。

最后，也是最重要的就是保持乐观向上的积极心态，这是应对失败最重要的武器。

"简直像笑话一样，实际上当时我真不知所措"，"哎呀，这种可笑的事情竟让我碰上了"。像这样以开朗的心情把自己的失败告诉他人的人，一定是

人格力——安能折腰事权贵

一个充满活力的人。他们简直是把失败当作一团雾气一样,阳光一照,转眼间就云消雾散了。

这样做一次之后,你就会发现,失败本身对你的打击已自然地消失了。如果能达到这种程度,即使你不对他人诉说,也能收到某种程度的效果。然后你就会觉得你的失败很有意思,所以会主动向人提起,通过对他人的诉说,你就向积极型的人又迈进了一步。

我们一定要记住:失败并不可怕,可怕的是被失败打倒。

魔力悄悄话

自信的人乐观豁达,自卑的人无病呻吟。
自信的人常怀感恩,自卑的人常怀不平。
自信的人坦荡磊落,自卑的人常怀戚戚。
自信的人心理健康,自卑的人内心阴暗。

自信而不自傲，求强而不逞强

曾国藩是中国近代史上最有影响力的人物之一。他的修身养性，他的道德文章，他的处世哲学，他的为官之道，他的治家教子格言等等，可供现代人研究和借鉴的东西很多很多。

比如曾国藩认为，一个人应当有自信，但不能自傲。

自信是事业有成的基础。远大的理想源于自信，不懈的追求也源于自信，成就辉煌的事业更需要自信。

自信是对自己能力、潜力和力量的正确估计，也是超越自我、追求人生价值的动力源泉。曾国藩在两次赴京会试都落第的情况下，发出了"竟将云梦吞如芥，未信君山铲不平"的豪言壮语。

这非凡的雄心壮志正是源于他的自信。也正是这种自信，才成就了他后来轰轰烈烈的事业。

但是，自信过了头，就是自傲。自傲即是过高地估计自己，自视清高，自命不凡。春风得意、学业有成或者仕途顺遂的人，往往容易犯自傲的错误。在曾国藩中进士、点翰林的那年，他的祖父星冈公就语重心长地对他说："你的官是做不尽的，你的才是好的，满招损，谦受益，尔若不傲，便全好了。"

自傲不仅是个人事业有成的绊脚石，也是处理人际关系的绊脚石。自傲的人往往瞧不起周围的人，因此别人也不愿意和他接近，对他敬而远之。曾国藩在给他弟弟国华的信中曾经这样说："自古以来，失德致败的原因有两条，一是骄傲，二是多言。温弟与我相似，话语多为尖刻，常傲气凌人。应当抑制自己……否则，大家都会讨厌你，鄙视你，不可不猛省，不可不痛改！"曾国藩的这段话可谓是情真意切，很值得那些由于自傲而导致人际关系障碍的人认真反思。

要想戒除自傲，首先眼界要宽，胸襟要广；第二，要多一点自知之明，善于看到自己的不足;然后还要看到别人的长处。每个人都不可能是全才,但是各人有各人的长处。

一个人的智慧与能力毕竟有限,集众人的智慧才能办成大事。有了这种认识,才会从善如流,谦逊待人。

一个人如果能以谦逊和真诚的态度对待人家,人家也会以谦逊和真诚的态度对待你。尤其当你地位高了、荣誉多了、贡献大了的时候,如果还能保持谦逊平易的态度,那么就更能博得别人的敬重和钦佩。

要自信不要自大

有一天晚上,一艘美国航空母舰在海上航行时,突然遇到大雾,能见度相当低。船长马上跑到舰上亲自坐镇,以防止发生意外。不久后,他果然看到远方有一个微弱的灯光在闪亮。船长就马上交代负责打探照灯的讯号兵,用摩斯密码指示对方:"这里是 USS 甘乃迪号,请向东转 15°,以免发生危险。"过了几分钟,对方也用灯回应道:"USS 甘乃迪号请注意,请向西转 15° 避开。"

船长看到对方的讯号后,马上怒火上升,他认为美国海军的航空母舰是全世界最大的船,那有让路给其他船只的道理!他下令讯号兵告诉对方:"重复,这里是 USS 甘乃迪号,我们是航空母舰,我是船长。请立即向东转在 15°,以免撞到我们。"随后对方又用灯回应:"我是二等兵,我这里是灯塔,请立即向西转 15° 避开。"

有一句话说:自信让我们做最好的自己。而做最好的自己就是一切都由自己做起,因为要求自己改变,比要求他人容易太多了。自信与自大最大的不同,就是自大的人总是认为自己不需要进步,而需要改进的都是别人。所以自大的人都不快乐,也会让别人不舒服。

反过来说,自信的人了解自己强的、好的一面,并清楚认识到自己是一位有价值的人。但是有自信的人会不断要求做得更好,所以很愿意向他人学习,并且会很快乐,会帮助他人、激励他人。

美国最年轻的众议员名叫雷文,他二十五岁就当选了众议员,真是才华洋溢。他接受完卡内基训练，就有记者采访，问他的受训心得及感想。他回答道："上完卡内基训练后，变得更了解我自己，并且更喜欢我自己。"这两句话是形容自信的最佳说明。所以如果你也想得到自信，记得不要一味要求别人，而是快速地要求自己学习再突破，把潜力充分发挥出来。

魔力悄悄话

　　自信是一种美，一种积极的生活态度。佛曰："相由心生"，"万物唯心造"。心美了自己就美，心美了世界就美。自信的人平易近人，常常用谦卑来掩饰内心的强大。自卑的人往往假装很强大，以掩饰内心的自卑。腹有诗书气自华，胸有丘壑天地宽。

学会自信　笑对人生

　　从容,就是镇定,沉着,不慌不忙,是人的一种仪表,举止,言谈和处世的**外在表现。**一个人如果有了从容的修养,就生活的潇洒、轻松,不会因为自己不漂亮而拒绝谈美;不会因为自己有某些缺陷而消极;不会因为获得了某种权势而改变自己的初衷;不会因为别人的流言蜚语而止步不前;也不会因为贫穷清苦而陷入讨好献媚的圈子。相反,他(她)觉得,该站出来说话的时候就不吞吞吐吐,该大胆做事的时候就不羞羞答答;该抬头走路的时候就大大方方地迈步。

　　以积极的心态面对现实。

　　积极的心态可以使人产生积极的思维,而积极的思维可以增强自身的力量,帮助人认识到人生来就了不起,因为在人心中"积极的力量"可以使梦想成真。

　　有人曾做过一个小实验,在桌面上放一只水杯(可乐瓶),水杯(瓶)中放有半杯水,请两个人面对水杯发表见解。甲说杯子有一半是空的,乙则说杯子里有一半水。从两人的反映中得出这样的结论:甲的心态是消极的,而乙的心态则是积极的。

　　要看到自己的长处,相信自己是强者。

　　每个人都要看到自己的长处,承认自己,并接纳自己。抽出一点时间坐下来,想想自己的优点,然后以赞赏的心态进行审视。通过集中注意力于自己的优点,将在内心树立起一种信心:我是一个有价值,有能力,与众不同的人。相信自己能给生活带来一些美的东西。每当做对了一件事,就要提醒自己记住这一点,说一句"天生我才必有用"及时鼓励自己。慢慢地,你就能建立起着眼于自己长处的习惯。

增长知识,开阔视野。

一个知识丰富的人,对生活充满热情和信心,视野开阔,思维敏捷,办事果断。

第一,多抽出时间发展自己的业余爱好,走出自我封闭的空间,走向自然,走向社会,为自己创建一个愉悦的心情环境,多想,多做自己开心的事,让自己生活充实。

第二,每天挤出15分钟的时间博览群书和报刊。不管多忙,你都要找到这15分钟,而且是好书,这意味着你将与众不同。

让别人欣赏你。

他人的欣赏可以使人获得自信心,从而能更加突出地发展自己的某种能力,这早已在理论上和实践中得到证实。一个有勇气,有信心的人往往给人良好的第一印象,往往因为他(她)的热情、信心、乐观而感染对方,甚至打动对方,成功的交际产生于足够的自信之中。

常为自己庆贺,鼓掌。

当你取得了一点进步时,不妨为自己庆贺一番,学会为自己鼓掌,把灿烂的笑容留给自己,这样做,一定会建立起更多的自信。这样做,你的人生会如珍珠般光彩夺目!

魔力悄悄话

拥有一颗自信的心,它就会激发我们的生命力量,这种力量如同日月,可以驱散黑暗,寒冷,照亮人生的旅途。自信的人有智慧,智慧之光照耀内心,心中的希望永远也不会幻灭。

相信自信的力量

自信就是这样一支火把,它能最大限度地燃烧一个人的潜能,只因你飞向梦想的天堂。

每个人在一生中都有铭心刻骨的经历,是把玩和炫耀这段人生,还是从中领略经验体会,实际上是能否成大事的两种态度。哈佛大学研究说:成功——智商(IQ)占20%,情商(EQ)占80%,其实现在我理解的应该加上体商(AQ),因为没有10%的体商做保证上面都是空谈。剩下就是突出自信的重要性。

因为自信,毛遂脱颖而出;因为自信,布鲁诺视死如归;因为自信,比尔·盖茨弃学从商;因为自信,关云长单刀赴会,发出了"任它曹营千万兵,还看我青龙偃月刀"的豪言壮语。自信就是一种催化剂,他能让你的成功达到难以想象的高度。志向产生自信,自信产生热忱,以热忱之力可以征服世界。伟大的目标产生伟大的毅力。

毛泽东早年就曾写下:"自信人生二百年,会当击水三千里"的诗以明志。自信是生命和力量,自信是奇迹,自信是创历史之本!天助自助之人。有人问美国的石油大王洛克菲勒:洛克菲勒先生,假使你的财富一晚上化为乌有,您会怎么办?

洛克菲勒自信地笑着说:给我10年的时间,照样再创造一个洛克菲勒帝国! 有史以来,没有什么伟大的事不是因为自信和热忱而成功的。

一心朝着自己目标前进的人,整个世界都会为他让路。相信自己能行,便会攻无不克。失去金钱的人,失去很少;失去健康的人,失去很少;失去自信的人,将失去一切。

大家可能都听说过那个故事,同样是牧羊孩子的故事,其中的一个讲的是一名记者问他:你放羊是为了什么,挣钱;挣钱做什么,娶媳妇;娶媳妇做什么,生娃;生娃做什么,放羊……

另外一个讲的是:

一个贫穷的牧羊人,领着两个孩子放羊。

弟弟望着天上飞过的大雁说:"要是我们能飞就好了,就能飞到天堂看妈妈了。"父亲说:"只要想飞就一定能飞上天,相信自己。"后来两个孩子坚信父亲的话,更相信他们自己一定能飞起来,最终经过努力他们终于飞上了蓝天。

我想大家都知道他们是谁了,他们就是飞机的发明者,莱特兄弟……

自信就是这样一支火把,它能最大限度地燃烧一个人的潜能,指引你飞向梦想的天堂。

大家可能知道:不顾一切做某事的时候是不知道痛的。既然痛的感觉都消失了,生活中还有什么可以摧毁你!深刻地思考下,你将发现:真正促使你成功,让你坚持到底的,真正激励你,让你昂首阔步的,不是亲人和朋友,不是顺境和优裕;而是那些让你深受打击的挫折,打击,甚至是死神。

拥有自信和毅力,就会觉得死神并不可怕,史蒂夫乔布斯就是最好的例子,左手是癌症死神,右手却是最美的电子产品和最伟大的苹果帝国。

相信自己是独一无二的,这是人的一种自爱能力,同样是开发自己的一股动力。试想:一个连自己都没有信心的人那有什么成功可言。励志而圣则圣,励志而贤则贤,人尽可以成为尧舜。让你的理想高与你的才干,你的明天才有可能超过你的今天。

魔力悄悄话

自信的人内心纯净,充满阳光,敢于正视别人的眼睛,不避,不躲。眼睛是心灵的窗户,因为内心干净,真挚诚实,光明正大,所以不怕别人看穿内心。因为心里充满阳光,充满爱,充满关怀,所以想通过眼神,温暖别人,驱散别人内心的不净。敢于正视现实中的一切,直面现实,直面人生,身正不怕影子斜,所有流言蜚语,都淡然一笑。

自信心态比金子还宝贵！

自信是战胜挫折、赢得机遇的前提，也是切实的方法。相信自己，相信明天。

我们身边有这样一些人，他们在心理上处于人际交往的劣势，表现为怯于和陌生人打交道，不敢理直气壮地提要求，不敢应对别人的挑战，不能很好地进行沟通，为别人的一个眼神、一个行为而辗转反侧顾虑重重……其实我们自己，也不免会产生这样的怀疑：我是一个怎样的人？我在做什么？我能做什么？我想要什么？我这样做对不对，好不好，别人会怎么说？

可以说，当自我认知困惑到一定程度，当自己的理想与现实差距甚远，一个人就会产生极大的心理冲突和痛苦。而这一切，源于一个人没有真正的自信。即便在一些人眼中已经足够优秀，他内心却并不以为然，因为他没有接纳自己。接纳自己，是一个人找到平衡、保持内心动力和幸福感的前提。接纳自己的过程，就是树立真正的自信的过程。而一个人的成功和幸福，最终取决于他的自信。如何塑造自己？按照什么样的方式整合自己？如何发现自己的优势？如何不过分在意他人的评价和影响？如何不受他人的心理控制？如何喜欢"我"、接纳"我"，充满信心地发掘"我"，从而做真正的"自己"？

自信是战胜挫折、赢得机遇的前提，也是切实的方法。相信自己，相信明天。今天不自信没关系，相信通过努力，明天会自信起来。就像食指的《相信未来一样》。相信未来不是静坐等待，而是积极奋斗去达成想要的未来。"不是由于有些事情难以做到，我们才失去了自信；而是因为我们失去了自信，所以有些事情才显得难以做到。"

我们先看一个案例：

几十年前，一个肯尼亚裔黑人坐在美国的一家酒吧里和朋友们畅饮、聚餐,正在这时,突然从门外闯进来一个白人,他向酒吧老板大声喊道:"我绝对不能和一名黑人坐在一起喝酒!"不仅如此,他甚至还向老板提出了驱赶这个黑人的要求,这显然是无理取闹。目睹了这一切后,那个黑人并没有冲冠一怒,将这个傲慢的种族主义者痛斥一顿,而是站起来对其进行"教育"。一番说辞后,那个傲慢的白人居然感到无地自容,并留下100美元作为给这位黑人的赔偿。故事中的这个黑人就是今日美国总统奥巴马的父亲——老奥巴马。众所周知,美国存在严重的种族隔离制度,白人对黑人的歧视无时无处不在。这也导致很多黑人青年从小便感到很自卑,他们往往通过酗酒、吸毒、打架斗殴等方式来宣泄自己的不满和愤懑。显然,老奥巴马没有那么做。

再看一个案例:美国当代最伟大的推销员麦克,曾经是一家报社的职员。他刚到报社当广告业务员时,不要薪水,只按广告费抽取佣金。他列出一份名单,准备去拜访一些很特别的客户。在去拜访这些客户之前,麦克走到公园,把名单上的客户念了100遍,然后对自己说:"在本月之前,你们将向我购买广告版面。"

第一周,他和12个"不可能的"客户中的3人谈成了交易;在第二个星期里,他又成交了5笔交易;到第一个月的月底,12个客户只有一个还不买他的广告。在第二个月里,麦克没有去拜访新客户,每天早晨,那拒绝买他的广告的客户的商店一开门,他就进去请这个商人作广告,而每天早晨,这位商人都回答说:"不!"每一次,当这位商人说"不"时,麦克假装没听到,然后继续前去拜访,直到那个月的最后一天。

对麦克已经连着说了30天"不"的商人说:"你已经浪费了一个月的时间来请求我买你的广告,我现在想知道的是,你为何要这样做。"麦克说:"我并没浪费时间,我等于在上学,而你就是我的老师,我一直在训练自己的自信。"这位商人点点头,接着麦克的话说:"我也要向你承认,我也等于在上学,而你就是我的老师。你已经教会了我坚持到底这一课,对我来说,这比金钱更有价值,为了向你表示感激,我要买你的一个广告版面,当作我付给你的学费。"

在一些培训讲师的课堂、视频上看到这样论述自信的话:"自信就是一定要相信自己""告诉自己你最棒!你就会成为最棒!"、"你觉得自己能行,你就一定能行;你觉得自己不行,你就真的不行!"、"要永远相信:你是最好的!"、"如果你相信自己能成功,你就会成功"……等。乍一听,这些话很有煽动力。在特定的情况下,它们确实可以鼓动起我们的信心。但是,我认为这并不是真正的自信。那么,什么是真正的自信呢?

我们先看一个故事吧——《卖斧子给总统的故事》:

以培养杰出推销员而著称于世的美国布鲁斯学会,每当学员毕业时,都会设计一道最能体现推销员能力的题目,让学员去完成。在克林顿当政期间,他们出了这么一个题目:请把一条三角裤推销给现任总统。8年间,有无数个学员为此绞尽脑汁,但最后都无功而返。在小布什总统任职时,布鲁斯学会把题目换成:请把一把斧子推销给现任总统。

面对这道题目,许多学员知难而退,然而,一名叫作乔治赫伯特的学员却迎难而上。他给布什总统写了一封信,他说,有一次我有幸参观您的农场,发现里面长着许多矢菊树,有的已经死掉,您一定需要一把斧头去砍掉它。现在我这儿正好有一把我祖父留给我的斧头,很适合您的体力去砍伐枯树,假如您有兴趣的话,请按这封信的地址给我汇15美元来。他获得了成功,总统给他汇来了15美元。人们问他为什么敢于去做,他说,我了解到总统和他的农场的情况,所以我有这个信心。

上面这个学员的信不能说多么水平高,技巧不能说多么妙,能力也不能说是布鲁斯学会最好的,那么是什么导致他的成功呢?我想,主要因素是——自信。

相反呢,成绩不佳的销售员,其共同缺点是缺乏自信。没有自信,就没有魄力;没有魄力,则生意冷淡;生意做不成,则更加不自信。具体怎么做呢,建议:改善自己的精神状态,客户就会用期待的目光迎接你。此时,销售员成功的先兆出现了。所以,做销售员就要建立自信心,主要是从以下几方面来建立自信。

1、对自己自信。

学会在工作的点滴中体会成就感。你只有每天去体会成就,才有信心与勇气继续走下去! 自信不等于自傲。与自傲那种腹中空空、头重脚轻的感觉截然不同,自信根生于有学识、有能力的运筹帷幄和决胜千里的感觉。

2、对职业自信。

销售员不是一种卑微的职业，是一种高尚、有意义的职业，是一种为客户谋福利、提供方便的职业，也正是因为销售员的努力工作，人们才有更多的时间去感受生活、享受生活。要正确认识销售员这个职业，对这一职业充满信心。

3、对公司自信。

相信所属的公司是一家有前途的公司，是时刻为客户提供最好的商品与服务的公司。

4、对商品自信。

在整个销售过程中，不要对你销售的商品产生怀疑，要相信你销售的商品是优秀的商品。一些业绩不好的销售员将原因归咎于商品方面。然而，任何一家公司、任何一种商品都有销售业绩突出的销售员，每个公司都有销售冠军。

作为一名合格的销售员要学的东西很多，正所谓态度决定选择，选择决定行为，行为决定报酬，报酬决定生活。对于建立自信，建议朋友们通过下面六个方面的锻炼，相信你会找到自信的源泉：

1、沟通(communication)：

有能力表达自己，以获得自己想要的、需要的和应该得到的东西。

2、概念(concept)：

重视自己和自己的生命。

3、能力(competence)：

积极地参加各种能带给自己才能和良好感觉的活动。

4、贡献(contribution)：

通过一些行动，感觉自己有影响力并且促成了一些事情的改变。

5、管理(control)：

能够主宰自己和自己的生活。

6、勇气(courage)：

有能力克服自己的恐惧，做一些明智的冒险。

天天喊我能比别人更好和我最棒，可不是真正的自信。自信建立在恰当定位、扬长避短的基础之上，并成了做最好的自己的信念和信仰。自信是怎样炼成的：

人格力——安能折腰事权贵

· 相信天生我才必有用；
· 做自己喜欢的人和事；
· 让积极开放的心态支配；
· 让自信也成为一种习惯。

魔力悄悄话

　　自信的人往往脚踏实地，在平凡的岗位上干出不平凡的事情。自卑的人往往好高骛远，妄想一步登天，一鸣惊人。自信的人不掩饰，不矫情，能坦然面对失败，总结经验，东山再起。自卑的人优柔寡断，拿不起，放不下，面对失败，一蹶不振。

第四章
自尊是人格的门户

　　心缺自尊,言行必卑贱;心缺敬畏,言行必随便;心缺诚实,言行必虚妄;心缺涵养,言行必粗陋;心缺智慧,言行必愚痴;心缺良善,言行必恶毒;心缺美德,言行必低下。心是一杆秤,秤出的是自己的言行;言行是一面镜,映出的是自己的心灵,心灵美则言行美,心灵美人生才会更美。自尊是一个人的脊梁,自尊是一种无畏的气概,自尊是一个人必须必备的操守。自尊给人的生命提供的不只是一种依托、一种凭借、一种支撑;还是生命永远的充实、永远的能量、永远的精神动力。

人生有一种境界叫自尊

人生在世有许多高尚的品格,但有一种高尚的品格是人性的顶峰,这就是自尊。

一般来说,一个没有自尊的人,很难得到别人的尊重,只有相信自己,看得起自己,尊重自己,才能通过自己进一步努力,找到自己的人生价值,感受自尊的快乐。

尊重自己是人生的一道底线,是人生的一个亮点,自尊无价。尊重他人是人生的一门学问,是人生的一片风景,尊人优雅。自尊即自我尊重,指:**"既不向别人卑躬屈膝,也不允许别人歧视、侮辱。"**

不管别人尊不尊重你,首先你自己一定要尊重自己。只有自尊的人才懂得尊重别人,也才会受到别人的尊重。自尊是一个人的脊梁,自尊是一种无畏的气概,自尊是一个人必须必备的操守。也是人生的核心价值的体现。

那么,自尊具体有哪些特征呢? 主要有以下几点:

自尊是人格的体现。人格尊严是人的第二生命。人格是人的尊严、价值和品格的总和。人应该懂得他人的尊重、维护自己的人格,就要在生活中逐步培养诚实、勇敢、无私、正直、谦虚、奉献等为人们所称道的美德,做一个高尚的人。人生应通过从捍卫人格的角度来理解自尊。

自尊是人生的豁达。养成豁达、开朗的性格,可以更多地欣赏到来自他人的智慧,感受自尊的快乐。每个人都作为与众不同的个体存在于社会之中,由于各自的生活环境、自身经历、认识水平的不足,在相处时发生碰撞,产生矛盾是不可避免的。

面对不同的个体,要想做到彼此尊重,就要宽容大度。适度的自尊有助于改正错误,这才是豁达的真谛;过度的自尊,使人过于敏感,作茧自缚,体验不到生活的乐趣,这有违豁达的本意。

自尊是人际的宽容。把尊重自己与尊重他人结合起来,就会散发出高贵的气质。只有尊重他人才能得到他人的尊重,才能真正地赢得自尊。宽容他人,有利于人更好地认识自己。借助他人的评价来更好地认识自己,人人彼此尊重,相互接纳,共同享受人生自尊的快乐。

由于知识与阅历的局限,人生常常出现盲点与误区,而他人善意的提醒,会使人更加严格要求自己,不断增强自己的实力,做一个有尊严有价值的人。

自尊是人性的快乐。人类有许多高尚的品格,但有一种高尚的品格是人性的顶峰,这就是个人的自尊心。一个人开朗、豁达,就会感受到自尊的快乐。无论是自己对自己价值的肯定,还是他人对我们价值的肯定,即自尊与被人尊重,都是快乐的。唯有知耻,才有自尊。如果一个人对自己不恰当的行为不知羞耻,就永远不会有自尊。

自尊是人格的价值。人格是人的尊严、价值和品格的总和。一般来说,一个没有自尊的人,很难得到别人的尊重,在生活中,相信自己,看得起自己,尊重自己,就可以通过自己进一步努力,找到自己的人生价值,感受自尊的快乐。

自尊即自我尊重,指既不向别人卑躬屈膝,也不允许别人歧视、侮辱,它是一种健康良好的心理状态,我们感悟生活的意义,要体验到自己是有价值的,为人所需要的,并且这种价值常常得到他人的认可与欣赏。

那么,自尊具体怎样养成呢!个人认为主要有以下几点:

做有自尊的人,应具有品德基础。包含自身的修养、自身的素质与自身的人生观与世界观。人格是人的尊严、价值和品格的总和。尊重自己是人生的一道底线,是人生的一个亮点。自尊是人生命中一笔无价的财富,就是它帮助我们成为生活的强者。自尊是做人的灵魂,是自信、自强的支点。如果一个人不能正确地认识自己,即使别人评价再高,其自尊也不会得到提高。对高自尊水平的人要自我提高与自我保护。自我提高是为了提高自尊水平,自我保护是为了避免丧失自尊。只有自尊的人才懂得尊重别人,也才会受到别人的尊重。

所以,自尊是一个人的脊梁,自尊是一种无畏的气概,自尊是一个人必须必备的操守,也是人生做人与为人的核心价值的体现。

做有自尊的人,应克服浮夸虚荣。虚荣的行为表现是追求表面上的荣耀、光彩。虚荣产生的原因是自我认识模糊,将名利作为支配自己行动的内在动力,过分看重他人对自己的评价。应明白:虚荣是自尊的扭曲;矫正的方法是按照正确的思维方法,明确自己真正的需要是什么。要欣然接受别人对自己的指点,能够正确理解其本意,应采取虚心的、中肯的态度接受,这不但不会丢面子,反而会给对方留下一个好印象。

做有自尊的人,应百倍尊重他人。要尊重他人,尊重他人是自尊的需要,也是自我完善的需要。尊重他人,有利于更好地认识自己。只有需要借助他人的评价来更好地认识自己,人人彼此尊重,相互接纳,才能享受共同自尊的快乐。对自身的认识过程中,由于知识与阅历的局限,常常出现盲点与误区,而他人善意的提醒,会使人更加严格要求自己,不断增强自己的实力,做一个有尊严有价值的人。要善于欣赏、接纳他人,不做有损他人人格的事情。要尊重他人,不要践踏他人尊严,不要侵犯他人隐私,不要公然对峙他人,不要主动揭短他人,不要藐视他人存在。这样,人的自尊心才能得到信赖。

做有自尊的人,应拥有豁然开朗。养成豁达、开朗的性格,可以更多地欣赏到来自他人的智慧,感受自尊的快乐。要得到彼此尊重,就需要宽容大度。在人际相处时不可避免地会发生碰撞,产生矛盾。面对不同的个体,要想做到彼此尊重,就要宽容大度。只有以豁达的心态,才能掌握好自尊的"度"。应懂得与明确:适度的自尊有助于面对指责和批评,改正自己的缺点与错误,这才是豁达的真谛;过度的自尊,使人过于敏感,作茧自缚,体验不到生活的乐趣,这有违豁达的本意。只有掌握宽容待人的方法,从而达到自尊者豁达的要求。

做有自尊的人,应纠正嫉妒心理。往往人们误认为,与比自己强的人比较,会产生嫉妒、敌意、挫折等消极的情感体验,而与比自己差的人比较则会产生优越、满足、幸福等积极的情感体验。其实不然,无论是与比自己强的人比较,还是与比自己差的人比较,都不会必然导致积极的或消极的效果。别人说三道四可能是由于嫉妒或审美观念与你有差异,甚至有可能他从来就是挑剔的人。

做有自尊的人,应愉快接纳自己。要接纳自己,最重要的是要学会认识和了解自己。通过与他人比较来了解自己,从别人的态度来了解自己。经常与别人交往,与别人相处,别人对自己的态度就像一面镜子,可以用来观测自身的情况。只有真正地认识和了解自己，才能接纳自己。要接纳自己，就要学会平静地对待自己的得失。要接纳自己，还要具有"天生我才必有用"这样的自信，努力扩展自己的生活经验，设立符合自己实际情况的抱负，珍惜自己的品德和名誉。

总而言之，自尊是一种精神需要，是人格的内核。维护自尊是人的本能和天性。无论是自己对自己价值的肯定，还是他人对自己价值的肯定，即自尊与被人尊重，都是快乐的。

魔力悄悄话

尊重他人，也要尊重自己。商品经济的浪潮中，不少人拜倒于金钱，忘记了自尊。为了钱，为了蝇头小利，不惜出卖自己的灵魂与肉体，这种人理所当然难以得到他人尊重。同时，一些人因为有几个钱，便目中无人，自认为"有钱便是爷"，他们同不自尊的人一样，无法体会到受人尊重的快乐。因为他们不明白：尊重他人，也就是尊重自己。

把握好自尊的弹性

心理学认为自尊是一种精神需要,是人格的内核。维护自尊是人的本能和天性。为人处事若毫无自尊,脸皮太厚,不行;反过来,自尊过盛,脸皮太薄,也不好。正确的原则是:**从实际的需要出发,让自尊心保持一定的弹性**。需要从两个方面努力。

一是从思想上认清自尊的需要和交际的需要两者之间的关系。过于自尊的人,总是把自尊看得很重,因此,我们应把看问题的立足点变一下,不要光想着自己的面子,还要看到比这更重要的东西,比如事业、工作、友谊等。另外,还应坚持把实现实际的宗旨看得高于自尊,让自尊服从交际的需要。有了这种思想,对自尊就有了自控力,即使受到刺激,也不至于脸红心跳,甚至可以不急不恼,哈哈一笑,照样与对手周旋,表现出办不成事决不罢休的姿态,直至交际的成功。

其二,交际过程中要审时度势,准确地把握自尊的弹性,追求最佳效果。在以下几种情况下要特别注意:

1. **当你受到冷遇时**。有时候,你出现在交际场上,可能被当成不速之客,坐了冷板凳。你的自尊心面临着挑战,但千万别发作。这时你不妨多想一想你的使命、职责,为了完成任务,迅速加大自尊的承受力度。

2. **当你被否定时**。有时候你花了很大的心血做了一件自认为很不错的事情,满心希望他人肯定、赞赏,可没想到,对方一棍子打过来,全盘否定。这时,你肯定会受到强烈的刺激,继而为了挽回面子,进行辩解、反驳,甚至是争吵,这就大错特错了。因为这样维护自尊、面子,只会使事情更糟,倒不如接受这个事实,效果可能更好一些。

3. **当你受到批评时**。有些人一听到批评,自尊心就受不了,特别是当众挨批评更是难为情。此时,要对批评能够正确理解,应采取虚心的态度,这不但不会丢面子,反而会改变他人的看法,给对方留下一个好印象。有时,批评的内容不实,有些偏颇,而批评者又处在特别的地位。这时如果你受自尊心的驱使,当场反击,效果肯定不好。理智一些,不要当场反驳,事后再进行说明,这种处理较为有利。

最后需要指出:**脸皮不妨厚一点,并不是不要尊严,而是要把握适当的度。**

亲爱的朋友们,请相信,只要我们携着自尊和自强,在通往成功的人生路上,必定会印下一个个坚定而稳健的脚印,总有一天我们会相逢在理想的道路上。

魔力悄悄话

做一个自强者吧,无论在任何困难跟前都不要屈服;做一个自强者吧,正确地认识、估量自身的价值,不可以看轻自己;做一个自强者吧,自信而不自负,能用他人的长处不断充实自己;做一个自强者吧,始终以顽强的斗志生活着、奋斗着。

轻视自己会贬低自尊

自尊是人生美德。**莎士比亚曾经说过:"没有自尊心的人即等于自卑。"**

每个人的出生都有自己的意义和使命。但现在很多青少年往往看不到自己身上的价值和潜能,总认为自己不如别人,学习没有别人好,也不会什么特殊才艺,得不到老师的重视,等等。

他们不是在抱怨生活就是抱怨自己,这样的人谈不上自信,更谈不上自尊。

自尊是自重的标准,自重是自尊的条件,要自尊,先必须自重,能看重自己,才能摆正自尊的位置。

自尊自重能改造天下,自卑者被天下改造。青少年应自尊自重,尊重自己的生活和价值。

一个在孤儿院中生活的小男孩,有一次伤心地问院长:"像我这样没人要的孩子,活着究竟有什么意思呢?"

院长笑而不答。

有一天,院长交给男孩一块石头,说:"明天早上,你拿这块石头到市场去卖,但别'真卖',记住,无论别人出多少钱,绝对不能卖。"

第二天,男孩便拿着石头蹲在市场的角落,意外地发现有不少人好奇地走过来,对他的石头很感兴趣,而且价钱越出越高。回到孤儿院。男孩兴奋地向院长报告,院长笑笑,要他明天拿到黄金市场去卖。在黄金市场上,有人出比昨天高 10 倍的价钱要买这块石头。

最后,院长叫孩子把石头拿到宝石市场上去卖,结果,石头的身价又涨了 10 倍,由于男孩怎么都不卖,竟被传为"稀世珍宝"。

男孩兴冲冲地捧着石头回到孤儿院,把这一切告诉给院长,并说出了自己的疑惑。

院长望着孩子慢慢地说道：

"生命的价值就像这块石头一样，在不同的环境下就会有不同的意义。一块不起眼的石头，由于你的珍惜而提升了它的价值，竟被传为稀世珍宝。你不就像这块石头一样吗？只要自己看重自己，自我珍惜，生命就有意义，有价值。"

青少年在成长过程中，有时会在心理的森林中迷失自己，找不到心中的自我。这样，青少年就在自卑的边缘无助地徘徊。特别是一些**缺乏自信，自暴自弃的人，往往会把优秀的标准定得太高，而对自身的优点却视而不见。**

事实上，每个人身上都有独特的天赋，如果你能够正视自己的优点，重视自己，不自轻自贱，你就会发现自己和所有杰出的人士一样，同样具备成功的资格和条件。

每个人都是造物主最伟大的杰作。都是自己成功人生的缔造者。在一个人的一生中，能力并不是决定成败的关键因素。只有在内心相信自己很优秀，才能够走出成功人生的第一步。

一位自以为是街头小混混的黑人少年，他从来以为自己的未来就像身边的其他黑人一样，偷鸡摸狗、敲诈勒索地混世罢了，他甚至觉得这样也没有什么不好。

一天，他遇到了小学校新来的校长，当时他正在顽皮。校长上下打量他一下后对他说：你是有着非凡未来的人，将担任纽约州的州长，你怎么能这样不珍惜自己？他心中一惊，竟相信了校长正颜厉色的预言，从此便以州长的范例严格要求自己。

四十年后他51岁时真的成了纽约州的州长，他就是纽约历史上第一位黑人州长罗杰·罗尔斯。

可见，一个人要想有所作为，首先就要对自己有信心，充分地重视自己，树立远大理想。当然还要对自己忠实，不背叛自己的理想，更不能一叶障目让眼前的小利遮蔽住自己更广泛更长远的利益。这样，你的成功一定能够顺理成章，水到渠成。

自尊是对自己的一种自重和自爱，一个尊重自己的人，才能够正视自己的价值,既不妄自菲薄、自暴自弃,也不会随意放任自己,放低对自己的要求。《世界上最伟大的推销员》一书的作者奥格·曼狄诺认为,在这个世界上,每个人都有自己独一无二的价值,每个人的出生都是一个伟大的奇迹,他的这种观点对我们在内心建立自尊自信很有帮助。他在书中这样写道:

"我是自然界最伟大的奇迹。自从上帝创造了天地万物以来,没有一个人和我一样,我的头脑、心灵、眼睛、耳朵、双手、头发、嘴唇都是与众不同的。言谈举止和我完全一样的人以前没有,现在没有,以后也不会有。虽然四海之内皆兄弟,然而人人各异。我是独一无二的造化。

"我是自然界最伟大的奇迹。我不可能像动物一样容易满足,我心中燃烧着代代相传的火焰,它激励我超越自己,我要使这团火燃得更旺,向世界宣布我的出类拔萃。没有人能模仿我的笔迹,我的商标,我的成果,我的推销能力。从今往后,我要使自己的个性充分发展,因为这是我得以成功的一大资本。

"我是自然界最伟大的奇迹。不再徒劳地模仿别人,而要展示自己的个性。我不但要宣扬它,还要推销它。我要学会求同存异,强调自己与众不同之处,回避人所共有的通性,并且要把这种原则运用到商品上。推销员和货物,两者皆独树一帜,我为此而自豪。

"我是独一无二的奇迹。物以稀为贵,我独行特立,因而身价百倍。我是千万年进化的终端产物,头脑和身体都超过以往的帝王与智者。但是,我的技艺,我的头脑,我的心灵,我的身体,若不善加利用,都将随着时间的流逝而迟钝、腐朽,甚至死亡。我的潜力无穷无尽,脑力、体能稍加开发,就能超过以往的任何成就。从今天开始,我就要开发潜力。"

每个人的出生都是一个伟大的奇迹,青少年可以将上面的这段话摘抄在自己的日记本上,砥砺自己正确地认识到自己的价值。只要你有足够的自信,充分展示自己的才能,就能找到属于自己的舞台,生命就有无穷的意义与价值。

自尊心是促使人上进的原动力

自尊心是一种希望他人尊重、信任,不容许别人歧视、侮辱的情感。爱

人格力——安能折腰事权贵

因斯坦说:"期望得到赞许和尊重,它根深蒂固地存在于人的本性中。"

健康的自尊心,是一个人成长进步不可缺少的助推剂,是一种自爱自强、积极向上的可贵精神和优秀品质。很难想象,一个毫无自尊心的人,会反思和纠正自己的错误与不足,会正确对待别人的批评与帮助,会发愤图强、有所作为。

格林尼亚出生在法国沿海城市瑟尔堡,父亲是船舶制造厂老板。在父母的娇惯下,他成天吃喝玩乐,不思学习,成了有名的花花公子。21岁那年,一天,在一个上流社会的宴会上,他邀请一位美丽女子跳舞时,没想到她却冷冷地拒绝说:"请站得远一点,我最讨厌被像你这样的花花公子挡住视线!"这情景令他在大庭广众之下感到非常难堪,但也使他受到强烈的震动,他决心重新塑造自己。

他给父母留下了这样一封信:"你们的儿子再也不做寄生虫了,他决心要做个精神充实、品格高尚、对社会有用的人……我相信自己将会创造出成就来。"

格林尼亚开始刻苦学习,他和从前的生活完全断交。终于考进里昂大学,1901年以"格氏试剂"论文获得博士学位。

1912年荣获诺贝尔化学奖后,他突然接到了一封信,信上只有一句话:"我永远敬爱你。"这正是那位美丽女子——波多丽伯爵寄来的。这封信给了他更大的鼓舞。他一生发表论文上千篇,其数量几乎没有一个科学家可以相比。格林尼亚获得了诺贝尔奖,也获得了那位美丽女子的爱戴,这一切都和他着手努力分不开。

自尊心可以唤起一个人的责任感和成功的决心,它可以让一个无所事事,游手好闲的人变成一个精神充实,对社会大有作为的人。

一个有自尊心的人,就是知荣辱、明羞耻,爱惜自己名誉的人。有自尊心的人,必定有强烈的荣辱感。当他们做了好事会引以为荣,而一旦自己做错了事,即使没有被人发现,没有受到指责,也会深深自责,并感到羞耻。这种可贵的自尊心,乃是我们立世之本与做人之基。

青少年开始进入青春期,由于身心迅速成长带来了自我认识上的变化,对于如何评价自己比较敏感,自尊心也就明显加强。比如,上小学时,每次考试卷都是公开的,并相互传阅,而升入初中后,学生很不愿意让别人知道自己的分数,这种顾及脸面的心理就是一种自尊心的表现。

还有许多青少年希望父母不要在客人面前说自己的缺点,反感大人(包括父母、老师)居高临下地训斥自己,希望大人有事与自己商量解决,重视他人对自己的评价,重视自身的穿戴、言行,这都是自尊的表现形式。它有利于优化自己,提升自己。

正如著名作家毛姆所说:"自尊心是一种美德,是促使一个人不断向上发展的一种原动力。"

的确,如果一个青少年有了自尊心,那么他在学习和生活中就会总是力争上游,不达目的誓不罢休。

下面的这个故事是出自一位老师工作日记,在教学工作中,她就亲身感受到了自尊心对一个青少年的巨大影响力。

"我们班的肖刚,作业应付,成绩落后。无论在家还是在学校,只要有他在的地方总是鸡犬不宁,所以他自然而然地'荣登'补差名单。开始几周倒也相安无事。

在秋季运动会的那天一大早,学生便叽叽喳喳地声讨他:'老师,肖刚昨天没有去补差。'马上就要举行运动会了,我不管他是再三请求,还是泪雨滂沱,毅然地带领学生下楼。本次的运动会他还有项目,换成其他学生。课下他找到我解释理由:'去补差,太没有面子了。'我一听火冒三丈:'你考试倒数很有面子了?'他又信誓旦旦地说:'老师,如果您不让我去,我一定会赶上的!'我看都不看他一眼走了。后来由于工作繁忙,补差工作中断了,这倒给了他一个机会。

又该月考了,同学们都在准备,而他似乎也安静了许多。这样的孩子能改吗?我真是不想在他身上浪费精力了。卷子很快改出来了,我早已把他的誓言忘于脑后。但是让我震惊的居然是他!用'震惊'一点儿也不为过。我真的不相信——干干净净的卷面,工整的字迹,连平时他要好的同学也不相信。我此时才真正明白自尊心对于一个孩子来说,是多么的重要!对他我再也不需要横眉冷对了,只要轻轻地说:'你是一个男子汉!'他就会安静半天。把这个办法用到其他学生身上同样适用。"

人格力——安能折腰事权贵

　　自尊无价,自尊者赢得他人的尊重;自信者自强,自信是成功的基石。有自尊心的人不甘落后,自觉主动地遵守纪律,努力学习,创造性地完成任务。可见自尊是一种多么可贵的情感,只要我们很好地利用它,就能丰富自己,提高自己,创造出卓越的人生。

魔力悄悄话

　　生活中,人们大都喜欢自信的人。因为,自信的人总是带给你信心和希望。与自信的人在一起,困难只是生活中一次不同的体验。因为,人们在很多情况下,总会发现自己的弱点和难以战胜的自卑心理。希望能有人帮助自己,战胜自己。并对自己的自卑心理深怀遗憾。

守卫生命的尊严

你见过活着的珊瑚吗？它生活在幽深无比的海底,在海水的怀抱里它是柔软的,并随海水流动的节奏而柔舞,那么圣洁,那么纯美。但是如果采珊瑚的人出现了,毫不怜惜地把它带出水面,那么这时珊瑚就会变得无比的坚硬,在远离大海的灿烂的阳光下,珊瑚只是一具惨白僵硬的骨骼。

谁都知道麝香是一种名贵的药材,也是珍贵的香料,而实际上麝香不过是鹿脐下的分泌物而已。想要获得麝香就必须捕杀鹿。鹿生活在密林深处,身体矫健,来去如飞,如果不是一流的猎手,根本难以追寻它的足迹。就是找到了鹿,取麝香也是极困难的事,要靠近它,千万要屏息凝神,不能让它感觉到你的存在,否则它会转过头来在你射杀它之前咬破自己的麝香。

为什么珊瑚会变硬、鹿要咬破自己的麝香？尊严！只为尊严！在自然界,有一些生物当生命要遭到无情的践踏时,会用改变、放弃、死亡捍卫自己的尊严。人也一样。人活着就要有尊严,活着就该挺起刚正的脊梁、捍卫自己的尊严,这是做人的根本。

春秋战国时期,诸侯国征战不断,百姓本就处于水深火热之中,如果再加上天灾,百姓就没法活了。这一年,齐国大旱,田地干裂,庄稼全死了,穷人吃完了树叶吃树皮,吃完了草苗吃草根,眼看着一个个都要被饿死了,只得到外面去逃荒要饭。可是富人家里的粮仓堆得满满的,他们照旧吃香的喝辣的。

有个富人名叫黔敖,家里囤积了很多的粮食,他看着穷人一个个饿得东倒西歪,却始终无动于衷。这时,他的一个家奴向他建议:如果在这个时候施舍给那些饥民们一点吃的,他们必定会感恩戴德,自然便可以获得一个好名声。于是，黔敖把做好的窝窝头摆在路边，施舍给过往的饥民。每过来一个饥民，黔敖便丢过去一个窝窝头，并且傲慢地叫着："叫花子，给你吃吧！"有时候，过来一群人，黔敖便丢出去好几个窝头，让饥民们互相争抢，黔敖在一旁嘲笑地看着他们，十分开心，觉得自己真是大恩大德的活菩萨。

一天，一个瘦骨嶙峋的饥民走了过来。他头发乱蓬蓬，衣衫褴褛，将一双破烂不堪的鞋子用草绳绑在脚上。从他摇摇晃晃的步伐便看得出他已经好几天没吃东西了。

黔敖看见他，便特意拿了两个窝窝头，还盛了一碗汤，对他大声吆喝道："喂，过来吃吧！"语气中充满了得意。黔敖本以为这个饥民一定会感谢他的好意，谁知，那个饥民像没听见似的，没有理他。

黔敖又叫道："嗟，听到没有？给你吃的！"

只见那饥民慢慢地走到黔敖的面前，仰起头注视着黔敖说："收起你的东西吧，我宁愿饿死也不愿吃这样的嗟来之食！"说完头也不回地走了。

黔敖万万没料到，饿得这样摇摇晃晃的饥民竟还保持着自己的人格尊严，顿时满面羞惭，一时说不出话来。

一句"廉者不受嗟来之食"，曾为多少仁人志士所赏识，也激励了许多人为免受"嗟来之食"而奋发图强，这其中包含了做人的气节和为人的骨气。自尊，是人的一种美德，是无价的，是人最珍贵的、最高尚的东西，因此，我们可以贫穷，但我们不能失去做人的尊严。

智利作家尼岗美德斯·古斯曼说过："尊严是人类灵魂中不可糟蹋的东西。"俄国作家陀思妥耶夫斯基也说过："如果你想受人尊敬，那么首要的一点就是你得尊敬你自己。只有这样，只有自我尊敬，你才能赢得别人的尊敬。"

下面故事中的小男孩就为我们树立了一个很好的榜样。

一个下着小雨的中午，车厢里的乘客稀稀拉拉的。在桥头站，上来一对残疾的父子。中年男子是个盲人，而他不到10岁的儿子呢，则只剩下一只眼睛略微能看到东西。父亲在小男孩的牵引下，一步一步地摸索着走到车厢中央。当车子继续缓缓往前开时，小男孩开口了："各位先生女士，你们好！我的名字叫林平，下面我唱几首歌给大家听。"

接着，小男孩边弹电子琴边唱起来，电子琴音乐很一般，但孩子的歌声却有天然童音的甜美。

正如人们所预料的那样，唱完了几首歌曲之后，男孩走到车厢一头，开始"行乞"。但他手里既没有托着盘，也没直接把手伸到旅客面前，只是走到你身边，叫一声"先生"或"小姐"，然后默默地站在那儿。乘客们都知道他的意思，但每个人都装出不明白的样子，或干脆扭头看车窗外面……

当小男孩两手空空地走到车厢尾时，旁边的一位中年妇女尖声大嚷起来："真不知道怎么搞的，北京的乞丐这么多，连车上都有！"

这一下，几乎所有的目光都集中到这对残疾父子的身上，没想到，小男孩竟表现出与年龄极不相称的冷峻，他一字一顿地说："女士，你说错了，我不是乞丐，我是在卖唱。"

车厢里所有淡漠的目光刹那间都生动起来。有人带头鼓起了掌，然后是掌声一片。

一个人，即使是一个弱者，如果能唤醒自己心底的尊严，他将会获得重新积聚力量的机会和重新审视自己的能力。青少年朋友，无论今后是春风得意，还是贫困、潦倒，你都要保持做人的尊严，唯有你自己自爱、自尊、自敬，才会得到他人的尊敬。

尊严无价，一个人失掉了尊严，做人的价值和乐趣就无从谈起，青少年正值人格形成的关键时期，一定要在内心树立起捍卫自身尊严的意识，只有捍卫了自己的尊严，信念才不会缺失，人生的阵地才不会陷落，才能够克服重重困难，获得辉煌的人生。

魔力悄悄话

每一个生命都应该拥有自己的自尊，可以说，没有自尊的人是不完美的。我们知道，只有真正具有强烈自尊心的人才能真正做到。不管自己从事什么样的职业，不管自己处于什么样的地位，如果都能坦然与人交往，就会赢得自尊。

女生的财富

女生的财富不是美色、美艳的体貌，无穷、无尽的权贵，而是自尊、自爱的性格，自强、自立的品质！

古语云"穷养儿、富养女"，绝对是有道理的，骄傲的公主是无法被一些小恩小惠蒙蔽眼睛的，公主的失颜是要极其高的代价的。可是人不会生来全是公主，就像一部《蜗居》也只会有一位仪态万方的"宋太太"，但同样有没有玻璃鞋的灰姑娘，你可以是"海藻"，也可以是"海萍"。

作为女生，谁都想拥有梦幻的城堡，骑着白马的王子，就算是灰姑娘也期待美丽的玻璃鞋。但是生活是纪实片、肥皂剧，不是贺岁片、童话剧，更多的是平凡的不能再平凡的人，演绎着比电影小说更离奇的编剧。在这个物质极大丰富的年代，吃饱穿暖已不再是什么追求，可是人总要有点追求，于是有的人温饱思淫欲，有的人乐居思广福。人在列队的时候，无非是高矮胖瘦之别，可奔跑在追求的丛林中却形色各异、鱼龙混杂、风气万千。出淤泥而不染、同流而不合污，真是微乎其微、少之甚少。

如果你是幸运的，请珍惜幸运。有的人或许生来就很幸运，就算没有白雪公主的财富也拥有着白雪公主的美貌，更有甚乎两者兼得。但是这些都不是你的财富，你人生最大的财富是自尊、自爱、自立、自强。作为女生你人生唯一的保险是自己，不是为你买单的父母，更不是任你透支的男友（老公），天有不测风云，不要一无所有时抓不到救命稻草。

《蜗居》中大家都知道有个近乎完美的"宋太太"，这样的女人大都是自尊、自爱的，用她自己的话说女人能活到她那份上不多，可是那又怎么样呢？她也只是宋太太仅仅是宋太太而已，太久的安逸让她失去了自我，从高高在上的公主到高高在上的夫人，仅此而已。所以大厦将倾时，她是第一个要牺牲的人，因为她没有逃生的能力，更没有能力保护好自己该保护的人，无谓的善后只换作一句：无用。如果她可以独立一些、坚强一些，就算天塌了有自己的支柱撑一撑,绝望的生活也会因为坚强的羽翼而扑闪新的希望,而不是纠缠于临死前五百万藏去了哪里。

"海藻"就更可悲了,葬送了自尊、自爱,换取了本没有的资本,她并没有珍惜她那代价之高的交换,而是贪图于享乐、尽情挥霍,满足于免费的施舍,故事终将结局时除了满身的青春创伤,没有任何生存能力的进步,就算是堂而皇之地逃生也是他人的尽情编排,谁又是下一个收容者?无论是本来就幸运的"宋太太",还是意外之幸的"海藻",如若可以自强、自立,居安思危,结局都不会那么凄惨。一个女生可以自强、自立是对父母最大的孝顺,是对人生最大的负责。

如果你是不幸的,请改变不幸。生命中的不幸就像闪电,可以撕裂天空,但也可以照亮大地。灰姑娘很多,玻璃鞋却是很少的,免费的午餐真的不是那么好吃的。寻找玻璃鞋的灰姑娘大都还是自立、自强的,只是太多时候忘记了自尊、自爱,而没有自尊、自爱的自强、自立终究是站不住脚的。社会越来越宽容,人却活得越来越挑剔了不是吗?《蜗居》迷乱了多少人的心灵,可现实还是会唾弃道德的不忠。"宋太太"有一句话说得很好:希望你以后的丈夫在知道你这段不堪的历史之后,依旧把你当宝贝。如若可以活的尊贵,何必活的卑贱,就算是物质上无法尊贵也同样可以精神尊贵。

"海萍"是一个住在筒子楼每天与小市民因为谁蹭了谁的柴米油盐而斤斤计较的人,可谓没有尊贵可言,但她不是满足于这样的生活,只是在用她自己的方式为了她美丽的城堡而积淀,不畏风霜地穿梭在竞争激烈的人群赚自己的本分钱,不失时机地完善自身生存能力,就算是为了一块钱吵得不可开交,她也不忘用挤公交的那会儿工夫钻研那可以给她挣大银的英语。你可以不欣赏她的这种方式,但是你不能否认她这种自尊、自爱、自强、自立品质的价值,所以她是尊贵的,风雨后终将迎来彩虹。

"海藻"是一个从依赖父母到依赖姐姐再到依赖男人,却从来想不到依赖自己的人,她牺牲了自强、自立躲在姐姐背后,她牺牲了自尊、自爱向男人伸手。她是善良的、知恩图报的,所以就算是大家吐口水都不愿伤着她,但是我们不得不反问,她也受过高等教育,有着健全的头脑,为什么就是不一样的结局?因为她选择的方式注定她终将风雨后黄花满地。改变不幸是对的,可是错误的方式只会让你更不幸。一个女生可以自尊、自爱是任何一切的前提,是健康人生的最美诠释。

　　无论谁都没有错，无论谁也不能永远正确，因为谁都不能站在谁的角度。但谁都不能抱怨谁比谁少了什么多了什么，那都是自己给自己无知的堕落找美丽的借口。美貌不能均等，财富不能平分，但任何人都有自尊、自爱、自强、自立的权利，是否使用全在自己。一个女生最大的财富不是美色权贵，而是健康的性格和品质。自尊的人就会选择自爱，自爱的人就会选择自强，自强的人就会选择自立。

魔力悄悄话

　　自尊是一种信念也是一种力量，自尊是一种内在的理念，它看不见，摸不着，然而，我们又可以随时随地地感受到它的存在。自尊是我们活着的精神支柱，唯有自尊才能赢得自爱、自信、自强。

自尊是人生鲜亮的旗帜

贝多芬说："我要扼住命运的咽喉，绝不能让命运使我屈服。"

"人"字笔画虽然简单，内含却非常复杂。其实人与人之间最重要的，莫过于基本的互相尊重。每个人都有一定的自尊心，要想别人尊重你，你首先要学会尊重别人。一个不懂得尊重别人的人，是绝对不会得到别人的尊重。人格是一个人的脊梁，尊严可以使人高尚，每个人都有权捍卫自己的人格尊严。尊重他人，并不是自我流失，当你站在镜子前笑时，镜子里的人会陪着你笑，当你对着镜子发怒的时候，镜子里的人一样会跟着你发怒，这时候，是否可以深刻地意识到自己的言行，直接影响着别人的喜怒哀乐，宽容地面对冲突和嫉妒，学会尊重他人，同时也是在给自己创造良好的和谐氛围。

生活就像一张白纸，你可以随便地在这张白纸上涂鸦，也可以花一番心思在上面展示你的才华。人本来就是好坏的统一体，活着，如同写文章，当华丽词句充满整个版面的时候，是否会给你带来满足的微笑，用朴素无华的淡淡叙述来记录一路走过的精彩。为别人写颂歌，把风花雪月留给自己，炫耀自己的喜怒哀乐，坦然地自娱自乐。用微笑面对挫折是一种极高的人生境界，用自尊对待生活是一种真正值得称道的完整人生。

一个人可以没有荣誉和鲜花，但不能没有自尊。**古人云：人不求人一般高。又说：人到无求品自高。敬人者，人敬之。人尊人重，人敬人高。只有自尊才能尊重别人，也才能受到别人的尊重。自尊不是自私，自尊不是妄自尊大，自尊是做人最起码的处世原则。**

自尊就是一面鲜明的旗帜，独树一帜在世俗之上，在人类精神和灵魂的制高点上永远飘扬。

自尊是自强不息的原动力

"自尊是自强不息的原动力"如果一个人没有了自尊那个人就不会奋发向上,甚至会自暴自弃,丧失信心。毛姆曾说过,"自尊心促使一个人不断向上发展的一种原动力"。

一个乞丐在地铁出口卖铅笔。这时来了位富商,他向乞丐的破瓷碗里投了几枚硬币便匆匆离去。过了一会儿,商人回来取铅笔时,对乞丐说:"对不起,我忘了拿铅笔,你我都是商人"几年后,这位商人参加了一个高级酒会,一位衣冠楚楚的先生向他敬酒致谢并告知说,他就是当初卖铅笔的乞丐。生活的改变,得益于富商的那句话:你我都是商人。

这个卖铅笔的乞丐之所以会变成商人是因为乞丐在卖铅笔时,富商给了这位乞丐自尊,乞丐有了自尊,就不再自暴自弃了,就有了源源不断的动力,所以乞丐最后也成了前途无量的商人。

斯特纳夫人曾经说过:"自尊是一个人品德的基础,若失去了自尊心,一个人的品德就会瓦解。"可见自尊的重要性。自尊是因为自己自重而得到了别人的尊重,才有了自尊,有了自尊就有了向上的精神,自强不息。

魔力悄悄话

丁远峙在《方与圆》中说:"我们可以寄人篱下,可以求人,也可以迎合人,甚至聪明人有时还会想办法让别人觉得他比自己聪明,但在做这一切时,必须注意不能让人因此而瞧不起我们,我们要让他们感觉到我们心中拥有自己的尊严,让他们觉得我们是有分量的,这样他们才会尊重我们。"

做人要自尊自爱

如果你不能成为山顶上的高松,那就当棵山谷里的小树吧,但要当一棵溪边最好的小树;如果你不能是一只麝香鹿,那就当尾小鲈鱼吧,但要当湖里最活跃的小鲈鱼。我们不能全是船长,必须有人是水手,这里有许多事让我们去做,有大事,有小事,但最重要的是我们身旁的事。决定成败的不是你尺寸的大小,而在于做一个最好的你。

做一个最好的你,是一种自尊自爱的表现。自尊就是尊重自己,自爱就是爱护自己。自尊自爱是一种对自我的关注与肯定,是一个人的快乐之源,更是成功之始。

自尊自爱就是要肯定自己,认同自己。就是要告诉自己"我能行",就是要表现出自信。自信是自尊自爱的前提,有了自信,你会更加有激情,也就更快乐。当然,自信也是成功的一半。我们不难看到,不管是商海大潮中的弄潮儿,或是叱咤风云的人物,或是奥运会领奖台上的运动健儿,他们的成功之花都少不了自信的浇灌。

自尊自爱就是要发现自己,完善自己。**"古之圣人,其出人也亦远矣,犹且从师而问焉。"**古人留下的虚心求教、取长补短的风气,我们不能丢,这是在肯定自己后的必要补充,能保证我们取得成绩后,在鲜花与赞美中,保持清醒的头脑,不会迷失方向。人要有傲骨,更要虚心。保持一颗平常心,正视自己的成绩,发现自己的不足,能让你取得更大的进步。

自尊自爱就是要提升自己,超越自己。因为我们每个人都是要不断奋斗、不断进步的。当人们问球王贝利哪一个进球最精彩的时候,他回答"下一个",这是对自己能力的信心,也是对已有成绩的超越;张海迪身残志坚,掌握多门外语,还学会了针灸,使自己成为一个对社会有用的人,这是对残疾病痛的抗争,也是对坎坷命运的超越;越王勾践含羞忍辱,卧薪尝胆,最后一举打败吴国,这是对自己过失的反思,也是对惨痛失败的超越。超越自我，给我们以动力去战胜困难，向更高的目标迈进。做我自己，是一种态度，更是一种美德。它让你明白，自己很平凡，也很优秀。朋友，鼓起勇气，把自己当作自己，你会发现，成功在向你招手。

自尊自爱就是要珍爱自己，尊重他人。每个人都希望受人尊重，但受尊重的前提是尊重别人。其实，尊重很容易就做到，因为它是得到帮助时道声谢，妨碍别人时道句歉，为自己的努力加油，为他人的进步鼓掌，为团队的成功喝彩。一句亲切的问候，一声诚挚的祝福，一个支持的眼神……都是尊重的表现，尊重别人是一种美德，受人尊重是一种幸福。

自尊自爱就是要成为一个心灵的富翁，就是要从现在开始，像一个富翁一样行动，以一个成功者的姿态出现在生活的每一个层面。人的一生正如他一大中所设想的那样，你怎样想象，怎样期待，就会有怎样的人生。只要你坚信自己拥有"无限的能力"与"无限的可能性"，你就可以创造出和谐的内心世界，建立起自己理想的"自我心像"，体现自己人格行为应具有的魅力。

对自己的自信决定对自己尊重、爱护的程度。只有先尊重、爱护自己，才能尊重、爱护别人，而别人也才尊重、爱护你。

自爱者才能爱人

自爱者才能爱人，富裕者才能馈赠。给人以生命欢乐的人，必是自己充满着生命欢乐的人。一个不爱自己的人，既不会是一个可爱的人，也不可能真正爱别人。

如果说爱是一门艺术，那么，恰如其分的自爱便是一种素质，唯有具备这种素质的人才能成为爱的艺术家。人生在世，不能没有朋友。在所有朋友中，不能缺了最重要的一个，那就是自己。缺了这个朋友，一个人即使朋友遍天下，也只是表面的热闹而已。

能否和自己做朋友，关键在于有没有一个更高的自我，这个自我以理性的态度关爱着那个在世上奋斗的自我。有的人不爱自己，一味自怨，仿佛自己的仇人。有的人爱自己而没有理性，一味自恋，俨然自己的情人。在这两种场合，更高的自我都是缺席的。

我曾和一个五岁男孩谈话,告诉他,我会变魔术,能把一个人变成一只苍蝇。他听了十分惊奇,问我能不能把他变成苍蝇,我说能。他陷入了沉思,然后问我,变成苍蝇后还能不能变回来,我说不能,他决定不让我变了。我也一样,想变成任何一种人,体验任何一种生活,包括国王、财阀、圣徒、僧侣、强盗等,甚至也愿意变成一只苍蝇,但前提是能够变回我自己。归根到底,我更愿意是我自己。

如同肉体的痛苦一样,精神的痛苦也是无法分担的。别人的关爱至多只能转移你对痛苦的注意力,却不能改变痛苦的实质。甚至在一场共同承受的苦难中,每人也必须独自承担自己的那一份痛苦。

一个我们不得不忍受的别人的罪恶仿佛是命运,一个我们不得不忍受的别人的痛苦却几乎是罪恶。当你遭受巨大痛苦时,你要自爱,懂得自己忍受,尽量不用你的痛苦去搅扰别人。**失败者的自尊在于不接受施舍,成功者的自尊在于不以施主自居。**

魔力悄悄话

屠格涅夫曾经说过:"人假设没有自尊,那就会一无价值。"因而,维护我们的自尊,实际上就是维护我们做人的价值。想要做生活的强者,那么,要先从做个有自尊的人开始,懂得自尊的人是美丽的!

第五章
用宽容提升人格魅力

宽容和饶恕是人性的一种至高境界。宽容是一种气度。

我们在工作生活中,都应宽以待人。对人对事有一份宽容心,人格魅力也就自然散发出来了。宽容,并不是一种软弱。宽容是一种智慧,一种修养,宽容应以理解、尊重和信任他人为基础。宽容,是一种博大的胸怀。它是一种生存之道,也是一种生活的艺术。因此,我们都应该学会理解、宽容别人,为周围创造一个良好的发展环境。不会宽容别人的人,是不配受到别人宽容的。

宽容是精神的成熟

　　宽容是一种高贵的品质、崇高的境界,是精神的成熟、心灵的丰盈。有了这种品质、这种境界,就会变得豁达,变得成熟。宽容是一种仁爱的光、无上的福分,是对别人的释怀,也是对自己的善待。有了这种光芒、这种福分,就会远离仇恨,避免灾难。宽容是一种生存的智慧、生活的艺术,是看透了社会人生以后所获得的那份从容、自信和超然。我们有了这种智慧、这种艺术,面对人生,就会从容不迫。

　　在生活中,如果能够宽容别人的过失,就意味着给别人醒悟的时间和悔过的机会。

　　一位住在山中茅屋修行的禅师,有一天趁夜色到林中散步,在皎洁的月光下,突然开悟。他喜悦地走回住处,眼见到自己的茅屋遭小偷光顾。找不到任何财物的小偷要离开的时候在门口遇见了禅师。原来,禅师怕惊动小偷,一直站在门口等待。他知道小偷一定找不到任何值钱的东西,早就把自己的外衣脱掉拿在手上。

　　小偷遇见禅师,正感到惊愕的时候,禅师说:"你走老远的山路来探望我,总不能让你空手而回呀! 夜凉了,你带着这件衣服走吧!"

　　说着,就把衣服披在小偷身上,小偷不知所措,低着头溜走了。

　　禅师看着小偷的背影穿过明亮的月光消失在山林之中,不禁感慨地说:"可怜的人呀! 但愿我能送一轮明月给他。"

　　禅师目送小偷走了以后,回到茅屋赤身打坐,他看着窗外的明月,进入空境。

　　第二天,他在禅室里睁开眼睛,看到他披在小偷身上的外衣被整齐地叠好,放在门口。禅师非常高兴,喃喃地说:"我终于送了他一轮明月!"

　　面对偷窃的盗贼,禅师既没有责骂,也没有告官,而是以宽容的心胸原谅了他,禅师的宽容和原谅也终于换得了小偷的醒悟。

　　宽容,是一种智慧。懂得宽容的人,堪称一个智慧的人。生活中如果没有宽容,会使人处处碰壁,寸步难行。没有宽容,会使人像过街老鼠,处处挨打。因为一个人是生活在社会之中的,要和许多人打交道,因此不可能一切都遂心如意,不可能让整个世界都随着你、顺着你。**我们要学会宽容,要用宽阔的心胸去包容一切违逆和挫折,更要以宽阔的心胸去理解他人的误会和偏见。**如果你宽容他人,你也会得到他人的宽容。胸襟豁达,适度地宽恕别人,对于改善人际关系和身心健康都是大有裨益的。

　　宽容,对人对己都可成为一种最高尚的精神援助。当你宽容的时候,你要知道,你并不是给那些曾经伤害你的人带来好处,而是给你自己的心灵增加自由。

魔力悄悄话

　　宽容,是一种爱。它可以改变人的思想,让人的灵魂得以重生。宽容的内核是爱,是用心温暖他人,包容别人的过失。只有这样,才会正确解决各种矛盾。

宽容别人,解脱自己

　　青少年的宽容心是一种非常珍贵的感情,它主要表现为对别人过错的原谅。它不仅是我们的一种美德,更是一种人生的境界。要知道,宽容了别人,往往受益的是自己。

　　从前有一个富翁,他有三个儿子,在他年事已高的时候,富翁决定把自己的财产全部留给三个儿子中的一个。可是,到底要把财产留给哪一个儿子呢?富翁于是想出了一个办法:他要三个儿子都花一年时间去游历世界,回来之后看谁做了最高尚的事情,谁就是财产的继承者。

　　一年时间很快就过去了,三个儿子陆续回到家中,富翁要三个人都讲一讲自己的经历。大儿子得意地说:"我在游历世界的时候,遇到了一个陌生人,他十分信任我,把一袋金币交给我保管,可是那个人却意外去世了,我就把那袋金币原封不动地交还给了他的家人。"二儿子自信地说:"当我旅行到一个贫穷落后的村落时,看到一个可怜的小乞丐不幸掉到湖里了,我立即跳下马,从湖里把他救了起来,并留给他一笔钱。"三儿子犹豫地说:"我,我没有遇到两个哥哥碰到的那种事,在我旅行的时候遇到了一个人,他很想得到我的钱袋,一路上千方百计地害我,我差点死在他手上。可是有一天我经过悬崖边,看到那个人正在悬崖边的一棵树下睡觉,当时我只要抬一抬脚就可以轻松地把他踢到悬崖下,我想了想,觉得不能这么做,正打算走,又担心他一翻身掉下悬崖,就叫醒了他,然后继续赶路了。这实在算不了什么有意义的经历。"富翁听完三个儿子的话,点了点头说道:"诚实、见义勇为都是一个人应有的品质,称不上是高尚。有机会报仇却放弃,反而帮助自己的仇人脱离危险的宽容之心才是最高尚的。我的全部财产都是老三的了。"

　　富翁的三儿子宽容了伤害他的人,却因此而赢得了父亲的财产,这就是宽容的力量。不管承认与否,这种事实是存在的,无论是"有意追求"的必然,还是"无心插柳"的偶然,宽容的最终结果都会让自己受益。

在生活中,宽容,就是宽恕容忍,就是能容纳异己和接受与自己愿望不符的人或事。通常,宽容的人能很快处理好各种人际关系,能很快地适应各种不同的环境,能融洽地与人合作,充分发挥自己的潜能。而缺乏宽容的人,往往性情怪诞,易走极端,不容易亲近人,因而人际关系往往处理得不好,在社会上难以立足,更谈不上大有作为。因此,青少年必须要培养自己的宽容之心。

南非总统曼德拉因致力于南非种族斗争而遭逮捕,在荒凉的大西洋罗宾岛渡过了将近27年的监禁生活。当时曼德拉年事已高,但牢房看守依然像对待年轻犯人一样对他进行残酷的虐待。

罗宾岛上岩石密布,到处是海豹、蛇和其他动物。曼德拉被关在总集中营一个"锌皮房"里,白天打石头,将采石场的大石块碎成石料。他有时要到冰冷的海水里捞海带,有时干采石灰的活儿——每天早晨排队到采石场,然后被解开脚镣,在一个很大的石灰石场里,用尖镐和铁锹挖石灰石。因为曼德拉是要犯,看管他的看守就有三人。他们对他并不友好,总是寻找各种理由虐待他。

然而,曼德拉出狱当选南非总统以后,并没有计较前嫌,他在就职典礼上的一个举动震惊了世界,被人们尊称为"神迹"。

总统就职仪式开始后,曼德拉起身致辞,欢迎来宾。他依次介绍了来自世界各国的政要,然后他说,能接待这么多尊贵的客人,他深感荣幸,但令他最高兴的是,当初在罗宾岛监狱看守他的三名狱警也能到场。随即他邀请他们起身,并把他们介绍给大家。

曼德拉的博大胸襟和宽容精神,令那些残酷虐待了他27年的人汗颜,也让所有到场的人肃然起敬。看着年迈的曼德拉缓缓站起,恭敬地向三个曾虐待他的看守致敬,在场的所有来宾以致整个世界,都静下来了。

后来,曼德拉向朋友们解释说,自己年轻时性子很急,脾气暴躁,正是狱中生活使他学会了控制情绪,因此才活了下来。牢狱岁月给了他时间与激励,也使他学会了如何处理自己遭遇的痛苦。他说,感恩与宽容常常源自痛苦与磨难,必须通过极强的毅力来训练。

获释当天,他的心情平静:"当我迈出通往自由的监狱大门时,我已经清楚,自己若不能把悲痛与怨恨留在身后,那么我其实仍在狱中。"

只有谅解和接受曾经伤害过你的人,才能获得心灵上的自由。如果内心一味地充斥着对别人的仇恨,不肯原谅曾经伤害过你的人,不但会使别人生活在痛苦之中,自己的心灵也无法得到解脱。

一位哲人说过,宽恕并不是给别人一条生路,而要给自己一条生路;不是释放别人,而是释放自己。你可能不能神圣到去爱伤害你的人,但为了你自己的健康与快乐,最好能原谅他们并忘记他们,这样才是明智之举。

魔力悄悄话

宽容,是一种境界。学会宽容,才会活得轻松,人生也必将更加美好。学会宽容,会使一个人拥有更丰富的内涵和广阔的发展天地。

了解就是宽恕

有一位父亲给儿子写了一封信：

听着，孩子，我有一些话要说。虽然你睡得正熟，一只小手掌压在脸颊下，你的额头微湿，蜷曲的金发贴在上面。我偷偷溜进你的房间，因为刚才在书房看报的时候，内心不断地受到苛责，终于带着愧疚的心情来到你的床前。

我想了许多事，孩子，我常常对你发脾气。早上你穿好衣服准备上学，胡乱用毛巾在脸上碰一下，我责备你；你没有把鞋子擦干净，我责备你；看到你把东西乱扔，我更生气地对你吼叫。

吃早餐的时候也一样。我常骂你打翻东西、吃饭不细嚼慢咽、把两肘放在桌上、奶油涂得太厚，等等。等到你离开餐桌去玩，我也准备出门，你转过身，挥着小手喊："再见，爸爸。"我仍皱着眉头回答："肩膀挺正。"

到了傍晚，情况还是这样。我走在路上偷偷观察你，看见你跪在地上玩玻璃弹珠，脚上的长袜都磨破了。我不顾你的颜面，当着别的孩子的面叫你回家，并对你吼道，长袜子是很贵的，你要穿就得爱惜一点。想想看，孩子，这话居然出自为人之父的人的口。

记得吗？就是刚才，我在书房里看报，你怯生生地走过来，眼里带着惊慌的神色，站在门口踟蹰不前。我从报端上望过去，不耐烦地叫道："你要什么？"

你不说一句话，只是快步跑过来，双手搂住我的脖子亲吻。你小手臂的力量显示出一份爱，那是上帝种在你心田里的，任何漠视都不能令它枯萎。你吻过我就走了，吧嗒吧嗒地跑上楼。

孩子，就是那时候，报纸从我手中滑落，我突然觉得害怕，我怎么养成了一个坏习惯啊！挑错、呵斥的习惯——这就是我对待孩子的方法？孩子，不是我不爱你，只是我对你期望过高，不自觉地用自己年龄的标准去衡量你了。

其实，你的本性里有许多真善美。你小小的心灵就像刚从山头升起的阳光一样无限光明，这一点可以从你天真自然，不顾一切跑过来亲吻我的动作中看出来。孩子，今晚其余的一切都不重要了，我在黑暗中跪到你床边，深觉愧疚！

这是一种无力的赎罪。我知道你未必懂得我所说的这一切，但是从明天起，我会认真地做一个真正的父亲。要和你结为好朋友，你痛苦的时候同你一起痛苦，欢乐的时候同你一起欢乐。我会每天告诉自己："你只不过是个男孩——一个小男孩。"

我实在不该把你当成大人，孩子，像我现在看到的你，疲倦地蜷缩在床上，完全还是婴孩的模样。记得昨天你还躺在妈妈怀里，头靠在妈妈肩上，我要求的实在太多太多了。

的确如此，我们很多人在说话时，经常会只顾自己痛快，过后才发现不小心伤了别人的心，尤其是当别人做了错事，或自己因此而吃了亏，就更觉得自己受了委屈而要说出来，于是一些难听的话就不自觉地冒了出来，结果往往是痛快了一时而伤了和气。

有时别人并没什么大错，但不幸遇到你情绪不好，那也可能遭到你的责备，结果当然更糟。比如同学不小心把你的笔盒碰翻，你破口大骂，从他（她）帮你捡东西开始一直骂到捡完。如果边上的同学早就习惯你这种脾气那还好一些，否则你会发现以后经常会遭到白眼。

只要你不是无缘无故地责备别人，在你开口之前，别人总是处于一种被动的心理状态，因为他们感到自己做错了事，自责的心理能让他们安静地接受你的责备，但绝对不是任你处置，随你发泄。当你的责备已经到伤害他们自尊心的地步，那么自责心理就可能立即消失，并产生一丝不快，慢慢地不快会发展成怨恨。

如何才能不尖刻地责备别人？首先要有一种宽容的想法：**我亏也吃了，别人错也犯了，只要他认识到，我的责备就没必要了，还不如客气点，送个人情。**只要不太计较得失，一般的责备都可以省去。如果对方没认识到他的过错，甚至继续犯错误，那么你也可以客气地提醒他，只要他能很好地认错，便可作罢。给他一种自重感,这样他就会与你合作,而不是对抗。

有些人很喜欢指责他人,一旦出现问题,他们首先想到的就是如何将责任推卸给他人。有些人似乎养成了一种不以为然的恶习,他们动不动就批评他人。还有些人,他们本来在某方面做得并不好,却非要拼命去批评人家。这种批评怎会以理服人呢?其结果要么伤害他人,要么被人反驳,弄得自己反遭他人伤害。其实,尽量去了解别人,尽量设身处地去思考问题,这比批评要有益得多,这样不但不会害人害己,而且让人心生同情和仁慈。"了解就是宽恕"。何不运用温柔之术呢?

所以,当我们批评他人时,先想想自己:"我做得怎样?是否应该完全怪罪他人?"这样你也许会完全改变自己的想法和行为,并与他人保持一种良好的人际关系。

魔力悄悄话

宽容别人,其实就是宽容我们自己。多一点对别人的宽容,其实,我们生命中就多了一点儿空间。有朋友的人生路上,才会有关爱和扶持,才不会有寂寞和孤独;有朋友的生活,才会少一点儿风雨,多一点儿温暖和阳光。

不要刻意记恨人

生活中,总有一些事情需要我们牢记于心头,而又有另外一些事需要我们忘却于脑后。什么该记住,什么该忘却,是我们要用心去体会、去分清的。

阿拉伯名作家阿里,有一次和吉伯、马沙两位朋友一起旅行。三人行至一个山谷时,马沙失足滑落,幸而吉伯拼命拉他,才将他救起。马沙就在附近的大石头上刻下了:"某年某月某日,吉伯救了马沙一命。"三人继续走了几天,来到一条河边,吉伯与马沙为了一件小事吵起来,吉伯一气之下打了马沙一耳光,马沙就在沙滩上写下:"某年某月某日,吉伯打了马沙一耳光。"

当他们旅游回来之后,阿里好奇地问马沙为什么要把吉伯救他的事刻在石上,而将吉伯打他的事写在沙上? 马沙回答:"我永远都感激吉伯救我。至于他打我的事,随着沙滩上字迹的消失,我会忘得一干二净。"

阿拉伯著名诗人萨迪说:"谁想在困厄中得到援助,就应在平日待人以宽。"记住别人对我们的恩惠,洗去我们对别人的怨恨,这样的人生才会阳光明媚。

任何人,在具备"兽性"的同时也拥有"人性"。所谓"兽性"有时表现在一个方面——人是容易记仇的动物,他会把损害自己利益的人与事牢记于心;而在"人性"方面的表现是,他能在"忘"与"记"两个方面作出正确的选择:很快忘掉不愉快的东西,永远牢记别人的"好"。人之所以为人,就是在"人性"和"兽性"的较量中,"人性"永远占据上风,即或是暂时退却,但必将取得最后的胜利。

正如一位名人所说:"我只记着别人对我的好处,忘记了别人对我的坏处。"因此,他受到了大家的欢迎,拥有很多至交。别人对我们的帮助,千万不可忘了;反之,别人倘若有愧对我们的地方,应该乐于忘记。

人格力——安能折腰事权贵

　　乐于忘记是一种心理平衡。一生中,我们要经历许多事情,要相识相交许多人。而心灵像极了一个筛子,在世事沧桑颠沛变换之中,会遗漏许多人。不过,对于智者来说,他们忘记的是别人的不足和过错,他们不会刻意去记恨一个人,而他们记住的却是别人的好和善,并时时充盈着自己的一颗感恩的心。这样,他们过的将是一种宽恕和大气的生活。

魔力悄悄话

　　宽容就是忘却。人人都有痛苦,都有伤疤,动辄去揭,便添新创,旧痕新伤难愈合。忘记昨日的是非,忘记别人先前对自己的指责和谩骂,时间是良好的止痛剂。学会忘却,生活才有阳光,才有欢乐。

包容生活中的小瑕疵

相信每一个青少年朋友，都想有一个完整的家，有疼爱自己的父母，有丰衣足食的生活环境，有健康的身体，有美丽的容貌……

然而，现实中却有人从小失去双亲，生活贫困不堪，相貌丑陋，甚至肢体残缺不全……

其实，这才是真实的生活。莎士比亚说过，**一件东西从来不会完美无缺，即使在一粒最好看的葡萄上，你也会发现几个斑点**。生活中也是这样的，真正完美无缺的生活是不存在的，因此，我们应当学会原谅生活的不完美，不要因为遇到了一些挫折或者自身存在一些缺憾就心生抱怨，消极对待自己的学习和生活。

有这么一个富含哲理的小故事：

一个残疾人来到天堂找到上帝，便抱怨上帝没给他一副健全的体格。上帝什么也没说就给残疾人介绍了一位朋友，这个人刚刚死去不久才升入天堂，他感慨地对残疾人说："珍惜吧朋友，至少你还活着。"

一个官场失意被排挤下来的人找到上帝，抱怨上帝没给他高官厚禄，上帝就把那位残疾人介绍给他，残疾人对他说："珍惜吧，至少你的身体还是健全的。"

一个年轻人找到上帝，抱怨上帝没让自己受到人们的重视和尊重，上帝就把那位官场失意的人介绍给他，那人于是便对年轻人说："珍惜吧，至少你还年轻，前面的路还很长。"

上帝是公平的，他带给每个人幸福生活的同时，也会给他们带去痛苦和缺憾，这些缺憾可能是身体上的一些缺憾，才智上的一些缺失，或者是生活中的一些挫折，面对这些生活中的缺憾，是反复强调自己的缺憾而在痛苦和自卑中艰难度日，还是正视缺陷，把它当作特别的赐予，安然地享受生活，其实，就看你如何选择。

　　美国总统罗斯福是一个有缺陷的人，小时候是一个脆弱胆小的学生，在学校课堂里总显露出一种惊惧的表情。他呼吸就好像喘大气一样。如果被喊起来背诵，立即会双腿发抖，嘴唇也颤动不已，回答起来含含糊糊、吞吞吐吐，然后颓然地坐下来。由于牙齿的暴露使他也没有一个好的面孔。

　　像他这样一个小孩，自我的感觉一定很敏感，常会回避同学间的任何活动，不喜欢交朋友，成为一个只知自怜的人。然而，罗斯福虽然有这方面的缺陷，但却有着奋斗的精神——一种任何人都可具有的奋斗精神。事实上，缺陷促使他更加努力奋斗。他没有因为同伴对他的嘲笑而减少勇气。他喘气的习惯变成了一种坚定的嘶声。他用坚强的意志。咬紧自己的牙床使嘴唇不颤动而克服他的惧怕。

　　没有一个人能比罗斯福更了解自己，他清楚自己身体上的种种缺陷。他从来不欺骗自己，认为自己是勇敢、强壮和好看的。他用行动来证明自己可以克服先天的障碍而得到成功。

　　凡是他能克服的缺点他就克服，不能克服的他便加以利用。通过演讲，他学会了如何利用一种假声，掩饰他那无人不知的龅牙，以及他那打桩工人的姿态。虽然他的演讲中并不具有任何惊人之处，但他不因自己的声音和姿态而遭失败。他没有洪亮的声音或是威严的姿态，他也不像有些人那样具有惊人的辞令，然而在当时，他却是最有力量的演说家之一。

　　由于罗斯福没有在缺陷面前退缩和消沉，而是充分、全面地认识自己，在意识到自我缺陷的同时，能正确地评价自己，在困境之中抗争，不因缺憾而气馁，甚至将它加以利用，变为资本，变为扶梯而登上名誉巅峰。在晚年，已经很少人知道他曾有严重的缺陷。

　　每个人都可能有一些致命的缺陷，一些伟大的领袖人物也不例外。贝多芬的失聪、罗斯福的瘫痪、林肯的丑陋、拿破仑的矮小……但上帝赋予了他们高贵的品性与坚强的意志，还有清醒认识自我的头脑，于是一些凡人眼中可怕的缺陷，在他们这里已不成问题。他们的伟大成就掩盖了一切，让他们的形象因此而显得更加辉煌。

　　每个人的人生都不会太圆满,每个人的一生都有缺憾,我们也许这一生取得不了那么大的成就,但却可以学习他们那种坦然面对缺陷的态度。面对缺憾,如果你能积极面对它,以一种乐观的心志去超越这些缺憾,那么你会发现,美好的生活就在我们身边。

魔力悄悄话

　　宽容就是潇洒。"处处绿杨堪系马,家家有路到长安。"宽厚待人,容纳非议,乃事业成功、家庭幸福美满之道。事事斤斤计较、患得患失,活得也累,难得人世走一遭,潇洒最重要。

宽容和包容是人生的最高境界

宽容是一种美德,包容是一种胸怀,我曾看到一位老人的一首诗,他称赞:宽容是蔚蓝的大海,纳百川而清澈明净;宽容是高阔的天空,怀天下而不记仇恨怨愤;宽容是灿烂的阳光,送你甘霖送你和风;宽容是延续生命,生命的辉煌也只有闪烁的一瞬;宽容大度才能超越局限的自身,一语宽容,雨露缤纷,一生宽容,心系乾坤。

人到老年,仿佛湍急的河流渐趋平缓,曾经激昂的情绪归于平和,曾经浮躁的心态变得踏实,曾经有过的怨和恨也渐渐淡化,许多人生故事都变成美好的往事……

随着岁月的流逝,年龄的不断增加,人逐渐地懂得宽容,学会包容。容易回首往事,找出自己人生中的缺憾,更加珍惜友情亲情。因为当你苦过,累过,笑过,哭过,让人伤害过,被人宽容过。这时的你,把人世间的一切看透了,所以你才明白人生如戏,再认真其实不过是匆匆的几十年,你走过的桥比别人路多时,你才领悟到:

人活着,没有必要事事认真,为鸡毛蒜皮的事去计较,生活让人学会了宽容。宽容了别人,等于善待了自己。它能使自己的生活变得轻松,快乐。经历过风和雨,才能领悟到人生的苦和乐,爱与恨,才知道人生中应该忘记什么,记忆什么,放弃什么,学会什么,那样才是举重若轻。我想,最该忘记的是你曾帮助的人,最应该原谅的是曾经伤害过你的人;最该放弃的是功过是非、名利得失;最需要学会的便是宽容别人。

人生的道路很漫长,在这人生的道路上,我们会遇到很多挫折和困难,也会遇到许多的误解和不快,这时候要学会宽容,宽容的友谊能够天长地久,宽容的爱情能够幸福美满,宽容的世界才能和谐美丽。一个人有了宽大的胸怀,有了可以容纳万物的心,才能够成就一番事业,才能够快乐而幸福的生活。

宽容是一种修养,是一种境界,是一种美德。宽容是原谅可容之言、饶恕可容之事、包涵可容之人。

宽容,当需要有够大的心胸。我想世间最大的还是弥勒佛的肚子:"大肚能容,容天、容地,于己何所不容;开口便笑,笑古笑今,凡事付之一笑。"这是何等的心胸啊!从中我们不难看到,宽容和笑、愉快在弥勒佛的境界里是连在一起的。有了宽容的胸怀,才有容天容地、容江海的崇高和博大,才有来自心底的真挚笑容,大千世界,日月轮回,时事境迁,人心思变,所以,于己要多责,责自己无知无识;对他人,要多欣赏,赏他人有高有低。人生有了这种宽容的气度,才能安然走过四季,才能闲庭信步,笑看花落花开。

宽容,首先要能容人言。人言有褒贬诤谗之分,褒奖之语,应多责自己的不足之处、不明之事,才不至于在褒奖时跌落下来;贬抑之语,无论多么残酷、无稽,也要坦然处之。大将军韩信的"胯下之辱"无疑是对大将军驰骋天下、成就伟业的胸襟的一种锤炼;诤言更要珍惜,在当今社会,每个人的个性都有了肆意张扬的环境,难免会有不经意的膨胀。诤友诤言无异于苦口良药,着实难得,更要听得进、记得住、改得快。

魔力悄悄话

宽容是一种坚强,而不是软弱。宽容要以退为进、积极地防御。宽容所体现出来的退让是有目的有计划的,主动权掌握在自己的手中。无奈和迫不得已不能算宽容。宽容的最高境界是对众生的怜悯。

培养宽容之心的良方

对很多青少年朋友来说,宽容是件很困难的事,因为有很多人对一些事很执着,拿得起,放不下。下面就教大家几种让自己变得更宽容的方法,以培养我们的宽容之心。

1. 设身处地地站在对方的立场上想想,你会发现也许自己也有百分之五十的责任。强迫自己同情对方,这样有助于你理解对方所持的那些观点。命令自己停止那些无休止的烦恼和抱怨,别再去想它。

2. 不要自我失望,因为没有一个人是和你受过完全相同的教育和有着完全相同的生活经历的,每个人都会以自己的方式去行事或以自己的观念去考虑和评价问题,要承认与你有不同想法的好人是存在的。

3. 没人会想故意伤害你,所以当你觉得自己受到了怠慢时,你就要说出来,让别人知道你的想法,当你遭到对方的拒绝时,你也要礼貌而又温和亲切地再说一遍,让对方知道你的希望。

4. 要做到理解别人,这样你就不会感到失望。要时不时地对自己的要求进行一下判断的检查。因为这种要求不一定总是恰当的,要想一想这种要求是否有些不合理呢?

5. 当别人正被自己的问题所困扰时,很可能会忽视你的感情,你要时刻提醒自己,没人要故意为难你,也许他们没留心或是无意中怠慢了你,也许别人的动机是好的。

6. 在你赠送别人礼物时,不要指望别人给你等量的回赠,送别人礼物是因为能使自己感到愉快,因此无论收到什么礼物都应高兴地接受。

7. 不要等别人来道歉。在现实生活中,我们往往都认为自己是十分正确的,而过错则都在他人身上。有时出于面子的考虑,我们会想:除非他(她)来道歉,否则我才不会原谅他(她)呢。这样一种心态无助于我们的人际交往。因为一旦我们坚持这么做,会让我们花很长的时间来消除心中的不平,而付出代价的往往也是自己。我们应该这样面对:一件事是一件事,事情已经发生了,不管其是非曲直,就让它过去吧,我们要认真地去面对下一步的生活。

8.设想一下自己被他人宽容后的感受。每个人都会犯错误,我们也会冒犯他人,我们也会请求、渴望得到他人的宽容。当他人冒犯了我们,请求我们宽容时,我们可以想一想,假如我们得罪了一个人,而他(她)却大度地原谅了我们,我们的心情会如何呢?

拥有宽容之心的人必定是阳光的人,他们总是能得到超乎常人的同情心。因此,每个青少年都要培养自己的宽容之心,那样,我们的生活才会更美好,心灵才会更加宁静。

魔力悄悄话

一位哲人说过一番耐人寻味的话:"天空收容每一片云彩,不论其美丑,故天空广阔无比;高山收容每一块岩石,不论其大小,故高山雄伟壮观;大海收容每一朵浪花,不论其清浊,故大海浩瀚无比。"哲人之言无疑是对宽容最生动直观的诠释。

第六章
有爱的人格更高贵

只爱自己的人,注定了一生的孤独;只爱别人的人,世间少有。无私,高洁如天山上纯白的莲花;既爱自己,又爱别人的人,才能在尘世中生存。很多时候,爱自己与爱别人是一对相互作用力,这种心与心之间的关怀是同时存在的。爱自己与爱别人,相辅相成,不可或缺。

正如同一株植物的叶和花,绿叶爱红花,为它遮阳,为它挡雨,因为失去了花,绿叶便无存在的价值。我们要拥有一颗爱的心,以心灵赢得心灵,用人格塑造人格。

真心助人等于自助

哈伯德说："聪明人都明白这样一个真理——帮助自己的唯一办法，就是去帮助别人"。但在某些人的固有思维模式中，总是认为帮助别人就意味着自己吃亏，别人得到的东西就是自己失去的东西。其实，事情并不全部如此。要知道，助人即是助己，真正爱心的付出是不应当追求回报的。一个充满爱心，经常帮助别人的人也会经常得到他人的帮助，虽然他最初并不指望会有所回报。

一天夜里，已经很晚了，一对年老的夫妻走进一家旅馆，他们想要一个房间。前台侍者回答说："对不起，我们旅馆已经客满了，一间空房也没有剩下。"看着这对老人疲惫的神情，侍者又同情地说："但是，让我来想想办法……"

后来，好心的侍者将这对老人引领到一个房间，说："也许它不是最好的，但现在我只能做到这样了。"老人见眼前其实是一间整洁干净的屋子，就愉快地住了下来。

第二天，当他们来到前台结账时，侍者却对他们说："不用了，因为我只不过是把自己的屋子借给你们住了一晚——祝你们旅途愉快！"原来侍者自己一晚没睡，他就在前台值了一个通宵的夜班。

两位老人十分感动。老头儿说："孩子，你是我见到过的最好的旅店经营人。你会得到报答的。"侍者笑了笑，说这算不了什么。他送老人出了门，转身接着忙自己的事，把这件事情忘了个一干二净。

没想到有一天，侍者接到了一封信函，打开看，里面有一张去纽约的单程机票并有简短附言，聘请他去做另一份工作。他乘飞机来到纽约，按信中所标明的路线来到一个地方，抬眼一看，一座金碧辉煌的大酒店耸立在他的眼前。

原来,几个月前的那个深夜,他接待的是一个有着亿万资产的富翁和他的妻子。富翁为这个侍者买下了一座大酒店,深信他会经营管理好这个大酒店的。

这就是全球赫赫有名的希尔顿饭店首任经理的传奇故事。

人世间如果没有了一个人对另一个人的真诚帮助,整个世界就会变得如冰窖一般寒冷,但如果你肯为别人付出一点关爱,受益的往往是自己。主人翁最朴实的行为告诫了我们,不要吝啬我们的爱心。爱自己,也爱别人,才能体现出生命的最大价值。这些来自正确思想的巨大力量可以巩固和完善我们的优良品格。

帮助别人,就是帮助自己,而我们为别人付出的时候,本身就体验到了生命的快乐和富足。你的每一次善举、每一个爱心最终都会成为你幸福的回忆,带给你生活的希望与动力。正如一句谚语所说的:"送人玫瑰,手有余香。"付出的爱心不仅温暖了别人,也会温暖自己。

弗莱明是一个穷苦的苏格兰农夫。有一天,当他在田里工作时,听到附近泥沼里有人发出求救的哭喊声。于是,他放下农具,跑到泥沼边,发现一个小孩掉进了泥沼里,弗莱明把这个小孩从死亡边缘救了回来。

隔天,有一辆崭新的马车停在农夫家,车里走出来一位优雅的绅士。他自我介绍是那个被救小孩的父亲。绅士说:"我要报答你,你救了我小孩的生命。"

农夫说:"我不能因救你的小孩而接受报酬。"

就在那时,农夫的儿子走进茅屋。绅士问:"那是你的儿子吗?"

农夫很骄傲地回答说:"是。"

绅士说:"我们订个协议,让我带走他,并让他接受良好的教育。假如这小孩像他父亲一样,他将来一定会成为一位令你骄傲的人。"农夫答应了。后来,农夫的小孩从圣玛利亚医学院毕业,并成为举世闻名的弗莱明·亚历山大爵士,也就是盘尼西林的发明者。他在1944年受封骑士爵位,并且获得诺贝尔奖。

数年后,绅士的儿子染上肺炎,谁救活了他呢? 盘尼西林。那绅士是谁呢? 上议院议员丘吉尔。他的儿子是谁呢? 是英国政治家丘吉尔爵士。

　　凡界讲究善恶轮回、因果报应。其实在现实生活中,这种所谓的"因果报应"只不过是心存感激的受惠者对施惠者的一种报偿而已。如果你以一颗爱心去对待自己周围的人,那么,别人也会以同样的爱来回报你。

　　作为未来的建设者,青少年应该牢牢记住:优秀不是人生发展的唯一理由。学会帮助别人才是人生成功的必要条件之一。

　　牛顿定律告诉我们,作用力同反作用力大小相等,方向相反。生活遵守牛顿定律,别人对你怎样取决于你对别人怎样。因为,体谅可以传递,关爱可以传递,热情可以传递,友谊可以传递……

　　只有能够帮助和乐于帮助别人的人,才是人生的金牌得主。青少年的人生之路刚刚开始,一定要懂得帮助别人,在别人最需要帮助的时候能够雪中送炭,那么在你身处逆境的时候,别人也会给你春天般的温暖。

魔力悄悄话

　　爱是一种快乐的付出,在爱别人的同时,自己也会得到满足而觉得幸福。从另一方面来说,如果不爱别人,那么别人必然也不会爱你,失去了爱的生命是苍白的。没有别人的爱,生活便是一滩冰冷的水,毫无生气,落寞,并且痛苦。

仇恨让快乐快速消失

一位画家在集市上卖画，不远处，前呼后拥地走来一位大臣的孩子，这位大臣在年轻时曾经把画家的父亲欺诈得心碎地死去。这孩子在画家的作品前流连忘返，并且选中了一幅，画家却匆匆地用一块布把它遮盖住，并声称这幅画不卖。

从此以后，这孩子因为心病而变得憔悴，最后，他父亲出面了，表示愿意付出一笔高价。

可是，画家宁愿把这幅画挂在自己画室的墙上，也不愿意出售。他阴沉着脸坐在画前，自言自语地说："这就是我的报复。"

每天早晨，画家都要画一幅他信奉的神像，这是他表示信仰的唯一方式。

可是现在，他觉得这些神像与他以前画的神像日渐相异。

这使他苦恼不已，他不停地找原因。然而有一天，他惊恐地丢下手中的画，跳了起来，他刚画好神像的眼睛，竟然是那大臣的眼睛，而嘴唇也是那么的酷似。

他把画撕碎，并且高喊："我的报复已经回报到我的头上来了！"

这是印度大文豪泰戈尔的一篇名为《画家的报复》的作品。

这种仇恨的种子一旦被"遗传""继承"，就会演变为更加可怕的破坏力。

我们在心中怀恨，心存报复的同时，我们的身心也同样被这恶毒所折磨。

一个心中常想报复的人，其实自己活得也并不快乐。因为他的精力几乎全用在想怎样报复这种不愉快的事上了，而且就算成功他也会有种失落与悔恨交织的情感。

《呼啸山庄》中的男主人公希斯克利夫先生，由于小时候受到其他人的嘲弄,发誓报复。

当他回归山庄时便展开了一系列报复行动,最后许多人因此而痛苦地死去,但他那苍老的心却突然感到一种可怕的孤独,这就是对报复的一种报复。

有一位好莱坞女演员,失恋后,怨恨和报复心使她的面孔变得僵硬而多皱,她去找一位最有名的化妆师为她美容。这位化妆师深知她的心理状态,中肯地告诉她:"你如果不消除心中的怨和恨,我敢说全世界任何一个美容师都无法美化你的容貌。"

由此可见,怨恨是一种带有毁灭性的情绪,只能夺取你自己的快乐。如果不能把怨恨抛下,整个心灵都将困在自设的监牢中,无法解脱。唯有宽容,才能抚慰你暴躁的心绪,弥补不幸对你的伤害,让你不再纠缠于心灵毒蛇的咬噬,从而获得自由。

在人生的长河中,每个人都不可能是一帆风顺的。

在人与人交往越来越频繁的今天,一个不懂得宽容的人是很难在竞争中取得成就的,因为他缺少别人的支持。

而宽容不仅会让其放弃仇恨、暴力和偏执,同时还能影响他们以善良、尊重和理解来对待别人。宽容别人的同时,自己也就把怨恨或嫉恨从心中排掉,才会怀着平和与喜悦的心情看待任何人和任何事,会带着愉快的心情生活。

所以,肯在生活的磨难中逐步学会宽容,能宽容他人的人,心里的苦和恨比较少,或者说,心胸比较宽阔的人,就容易宽容他人。

当你对别人宽容之时,也是对你自己的宽容。明明是对方错怪了你,对方欺骗了你,对方伤害了你,照样没有怨恨在心头。那么,对坏人也要宽容吗?正确的回答是,你不以牙还牙,就是宽容。

所以要让自己快快乐乐地生活在充满爱的世界里,自己首先要做一个宽宏大量的人。

要真正做到宽容并不容易,如果你心里有恨和苦,宽容不了他人;或者,如果你认同宽容是很高尚的行为,不过难以时时做到,你应该远离品头论足的人,随着时间的推移,你会发现,你的宽容多了,你心里的平安和喜悦也多了。

逐步做到宽容,是一个人成长和进步的过程。因为宽容,你会始终生活在平静健康之中;因为宽容,你会成为婚姻的赢家;因为宽容,你会成为事业的赢家;因为宽容,你会成为幸福的赢家。宽容可以让生活变得美好许多,会让这个世界充满爱。

魔力悄悄话

仇恨会使人无法分辨是非,会使人扭曲心灵,会使人泯灭人性,丧失道德底线。所以,我们必须去爱别人,俗话说,赠人玫瑰,手有余香。当我们把爱传给别人,其爱别人时精神上便得了安慰,尤其是别人对你的爱予以回报时,那更是一种幸福。

不要让冷漠霸占你的心

善与恶常常就在人的一念之间。如果你选择了善念、善言、善举，世界就会成为天堂；而一切恶念、恶言、恶行，对于自己和他人又都是地狱。而冷漠就是一种特殊的罪恶。它最常见的表现就是沉默不语。

心理学家认为旁观者效应的产生是由于"社会影响"及"责任分散"。他人在场可以导致一种责任分散，反正帮助的责任不单单落在我一人身上，我不去的话别人也会去的。

试想，如果在这些过路者中有一位是这位老人的亲人或朋友呢？或许老人的命运就完全不同了吧。对待自己的家人、朋友，我们常常是热情有加，而面对陌生人时，又总会不自觉地换上另一副面孔。走出家门的前一分钟，我们还在喜笑颜开地高谈阔论，后一分钟的电梯里，每个人的脸上就又立刻挂满了冰霜。改变就这样在不知不觉中发生。只是，为什么一定要有这样的改变呢？

可见，"爱"已经成为一种长期缺席的元素。我们的心灵就像是一片逐步被沙化的绿洲，再也蕴涵不了一点点甘泉，就连坚韧的仙人掌也无法存活。冷漠的尽头是麻木，作家卢跃刚在《大国寡民》中说过一句话："**贫穷和愚昧并不可怕，真正可怕的是冷漠和麻木。**"

有两个重病人同住在一间病房里。房子很小，只有一扇窗子可以看见外面的世界。其中一个病人的床靠着窗，他每天下午可以在床上坐一个小时。另外一个人则终日都得躺在床上。

靠窗的病人每次坐起来的时候，都会描绘窗外的景致给另一个人听。从窗口可以看到公园的湖，湖内有鸭子和天鹅，孩子们在那儿撒面包片，放模型船，年轻的恋人在树下携手散步，人们在绿草如茵的地方玩球嬉戏，顶上则是美丽的天空。

另一个人倾听着，享受着每一分钟。一个孩子差点跌到湖里，一个美丽的女孩穿着漂亮的夏装……朋友的诉说几乎使他感觉到自己亲眼目睹了外面发生的一切。

在一个晴朗的午后，他心想：为什么睡在窗边的人可以独享外面的风景呢？为什么我没有这样的机会？他越是这么想，越觉得不是滋味，就越想换位子。这天夜里，他盯着天花板想着自己的心事，另一个人忽然被惊醒了，拼命地咳嗽，一直想用手按铃叫护士进来。但这个人只是旁观而没有帮忙——他感到同伴的呼吸渐渐停止了。第二天早上，护士来时那人已经停止了呼吸，他的尸体被静静地抬走了。过了一段时间，这人开口问护士，他是否能换到靠窗户的那张床上。他们搬动他，将他换到了那张床上，他感觉很满意。人们走后，他用肘撑起自己，吃力地往窗外张望……

窗外只有一堵空白的墙。几天之后，他在自责和忧郁中死去。他看到的不仅是一堵冷漠的墙，还有自己心灵的丑恶。

人活在世界上，最重要的不是被爱，而是要有爱人的能力。在与人交往时，将你的心扉打开，不要吝啬心中的爱，因为只有爱人者才会被爱。青少年朋友，丢掉你的冷漠，打开你尘封的心，释放心中的爱吧，你的生命会因爱而更精彩。爱是医治心灵创伤的灵药，爱是心灵得以健康生长的沃土。爱，以和谐为轴心，照射出温馨、甜美和幸福。爱把宽容、温暖和幸福带给了亲人、朋友、家庭、社会。无爱的社会太冰冷，无爱的荒原太寂寞。爱打破冷漠，让尘封已久的心重新温暖起来。

魔力悄悄话

很多时候，爱自己与爱别人是一对相互作用力，这种心与心之间的关怀是同时存在的。正如同一株植物的叶和花。绿叶爱红花，为它遮阳，为它挡雨，因为失去了花，绿叶便无存在的价值。红花也必定是爱绿叶的，若不爱绿叶，谁来为它点缀？谁来衬托起它的美？

知恩图报是做人的起码修养

"报人之德,分人之过"出自明代学者管东溟所著的《劝人积阴德文》,意思是说做人一定要报答别人的恩德,愿意替人承担错误和过失,分担责任,这样的人才是真正品德高尚的人。

确实,中国自古以来就有"知恩不报非君子""滴水之恩当涌泉相报"的古训。我们不仅应该孝敬父母,尊敬师长,而且对于曾经帮助过自己的人,也应该发自内心地感激,并予以报答。**懂得报恩是每个人都应该有的基本道德准则,是做人的起码的修养。**

韩信,汉初一位叱咤风云的统帅,他本是淮阴人,出身贫寒,自幼父母双亡,而且性格放纵,不拘礼节。他家里没有什么财产,既不可能被推荐做官,又不会经商、种地,一直过着穷困潦倒的生活,常常是有了上顿没下顿,只得依靠别人救济度日,这里混一顿,那里蹭一餐,许多人都很讨厌他。

为了生活,韩信只好到淮阴城的河边去钓鱼。那里经常有许多老妇人在冲洗丝绵,其中一个老太太见他饥肠辘辘的样子,就把自己的饭分给他吃,一连十几天都是这样。韩信非常感动,便对老太太说:"总有一天我一定会好好报答您的。"老太太听了很生气,大声斥责韩信说:"堂堂七尺男儿,你连自己都养活不了。我是可怜你,才给你饭吃,哪里还希望你的报答啊!"韩信听了很是惭愧,立志要闯出一番事业来。

在当时改朝换代的社会中,韩信看到了自己的希望,他每天专心研究兵法、练习武艺,只等着机会的到来。他辗转投奔到了刘邦的汉军中,做一个负责押运粮草的小官。之后,认识了刘邦的谋士萧何,韩信由一名运粮官变成了一名将军。

在此后的几年时间里,韩信帮助刘邦平定三秦之地,取得了对楚作战的胜利;连续灭魏、徇赵、胁燕、平定齐国;最后,逼项羽退到垓下,自刎而死。

此战之后,刘邦封韩信为楚王。韩信回到楚国后,召见当年分给他饭吃的那位老太太,赏赐她黄金一千两,以报答当日赠饭之恩。

知恩图报的人才会受到人们的敬佩和称颂。无论你处在什么样的情境之下,永远不要忘记那些曾经帮助过你的人,这样你所拥有的就不仅是一双援手,还有一种世间独有的温暖,还有一颗纯粹、感恩的心。

一颗感恩的心,就是一粒爱的种子,承载着责任,承载着能力,承载着希望和发展。只要怀着一颗感恩的心,你就不会去抱怨别人对你所犯的过错,甚至还会主动去承担责任,分担过失。

约翰和戴维是新到速递公司的两名职员。他们俩是工作搭档,工作一直都很认真,也很卖力。上司对这两名新员工很满意,然而一件事却改变了两个人的命运。

一次,约翰和戴维负责把一件大宗邮件送到码头。这个邮件很贵重,是一个古董,上司反复叮嘱他们要小心。没想到,送货车开到半路却坏了。

戴维说:"怎么办,你出门之前怎么不把车检查一下,如果不按规定时间送到,我们要被扣奖金的。"

约翰说:"我的力气大,我来背吧,距离码头也没有多远了。而且这条路上的车特别少,等车修好,船就开走了。"

"那好,你背吧,你比我强壮。"戴维说。

约翰背起邮件,一路小跑,终于按照规定的时间赶到了码头。这时,戴维说:"我来背吧,你去叫货主。"他心里暗想,如果客户能把这件事告诉老板,说不定还会给我加薪呢。他只顾想,当约翰把邮件递给他的时候,他却没接住,邮包掉在了地上,"哗啦"一声,古董碎了。

"你怎么搞的,我没接你就放手。"戴维大喊。

"你明明伸出手了,我递给你,是你没接住。"约翰辩解道。

约翰和戴维都知道,古董打碎了意味着什么。没了工作不说,可能还要背上沉重的债务。果然,老板对他俩进行了严厉的批评。

"老板,不是我的错,是约翰不小心弄坏的。"戴维趁着约翰不注意,偷偷来到老板的办公室,对老板说。老板平静地说:"谢谢你,戴维,我知道了。"

随后,老板把约翰叫到了办公室。"约翰,到底怎么回事?"约翰就把事情的原委告诉了老板,最后约翰说:"这件事情是我们的失职,我愿意承担责任。另外,戴维的家境不大好,如果可能的话,他的责任我也来承担。我一定会弥补上我们造成的损失的。"

约翰和戴维一直等待处理的结果,但是结果很出乎他们俩的意料。

老板把约翰和戴维叫到了办公室,老板对他俩说:"公司一直对你们俩很器重,想从你们俩当中选择一个人担任客户部经理,没想到却出了这样一件事情,不过也好,这会让我们更清楚哪一个人是合适的人选。"

戴维暗喜:"一定是我了。"

"我们决定请约翰担任公司的客户部经理,因为,一个主动承担责任的人是值得信任的。约翰,用你赚的钱来偿还客户。戴维,你自己想办法偿还给客户,对了,你明天不用来上班了。""老板,为什么?"戴维问。

"其实,古董的主人已经看见了你俩在递接古董时的动作,他跟我说了他看见的事实。还有,我也看到了问题出现后你们两个人的反应。"老板最后说。约翰主动承担了所有的责任,不仅体现了他高尚的品格,他还为自己赢得了晋升的机会。

感恩就意味着责任,在承担责任过程中,你会把个人的得失看得淡下来,而将精力放在应尽的责任上;责任就像一根绳子,拉着放任的心,归入正位。所以要感恩责任,感恩能让我们尽一切的责任——家庭责任、社会责任。没有责任的人生是最危险的人生,也是最痛苦的人生;人生因责任而充实,因责任幸福!因为我们感恩,所以负责,因为别人负责,所以我们感恩!懂得感恩的人,一定在心中藏有大爱,并以此关照人,抚慰人,呵护人,爱人。

魔力悄悄话

受人的恩惠,切莫忘记。当你的人生处在最艰难的时刻,一点点小小的帮助,也是非常难能可贵的,因为你所得到的,不只是帮助,更多的是一点光、一丝希望,它可以为你在无尽的黑暗中,照出一丝光亮;它可以为你在人生的绝境中,提供一线生机。

生活的目标是善良

同情心是人类一种美好的感情,也是人际交往中应该具备的条件之一,人与人之间相互同情,相互关心,那么家庭就充满着温馨和关爱,社会就成为一个和谐的大集体。

生活的目标是善良,这是我们的灵魂所固有的一种感情。

纽约,在12月的一个寒冷日子。一个大约10岁的小男孩站在百老汇一家鞋店的门前,他光着脚,隔着橱窗呆呆地往里面看,身子因为寒冷而颤抖。

一位女士走近男孩,问道:"小家伙,你这么认真地在看什么?"

"我曾经请求上帝赐给我一双鞋子,我想知道这里面有没有。"男孩回答。

女士牵起他的手,走进店内。她让店员给男孩拿来半打袜子,然后她又问店员,可否打来一盆热水,再拿一条毛巾。店员欣然照办了。

她把小家伙带到店堂后面,脱下手套,跪下,将男孩的脚放进热水里,为他洗脚,然后用毛巾擦干。

这个时候,店员拿着袜子回来了。女士取出其中一双为孩子穿上,又为他买了一双鞋,再把剩下的几双袜子包起来交给男孩。

在鞋店门口,女士拍着小男孩的头说:"亲爱的孩子,你现在觉得舒服一点儿了吗?"

当她正要转身离去的时候,小男孩在后面拉住了她的手,抬头注视着她的脸。

他的眼中含着泪水,用颤抖的声音问这位女士:"你是上帝的妻子吗?"

一个特别简单的善行,就被纯真的孩子称为"上帝的妻子",这是多么心酸却幸福的事啊。正如法国作家罗曼·罗兰所说:"行善的人应该觉得自己快乐才对。"

我们大多数人在日常生活中烦恼的时候要多于平静的时候。然而只要我们花时间走出自己的小圈子,去关心他人,我们就能获得上天的力量,我们的心情便会豁然开朗。

冰心先生曾说,爱在左,同情在右。走在生命的两旁,随时播种,随时开花,将这一径长途,点缀得香花弥漫,使穿枝拂叶的行人,踏着荆棘,不觉得痛苦;有泪可落,却不是悲凉。

用爱播种,一定能使生命之树翠绿茂盛,无论是阳光下,还是风雨里,都可以闪耀出一种读之即在的幸福。

这个世界是由爱来维系的,我们要培植自己的同情心、爱心,去关心弱者、帮助弱者。哪怕是送一碗热腾腾的饭,哪怕是递一瓶冰透清甜的泉水,更哪怕只是布施你身上仅有的1元钱,只要你用真心,用充满善意的同情,这都是真正的同情。

千万别把热腾腾的饭倒在受难者的身旁,更别大张旗鼓地围着受难者布施你那可恶的10元钱,这绝不是同情,这是一种对弱者生命的侮辱和不尊重,这更是一个人品质低下的可笑的举动。

真正的同情,才能帮助一个人。一次真正的同情,也许能让一个骗子从此诚信起来,也许能让一个身残志不残的青年重创奇迹,又也许让一个颓废的身残者获得重生的希望……同情一个陷入困境的人,伸出热情之手,给予他无私的帮助,的确是重要的,但更为关键的是,我们还应让他意识到自己的自尊价值——只有充分相信自己以后,才有决心去摆脱磨难,去证明自己绝不是一个弱者。

生命短促的像一道闪电,我们根本无法看清自家的天地和屋檐,又归于永恒的黑暗。孤独的来,孤独的去。也许我的生活再平淡不过,可我因此而走过了我的小小人生历程。

我是个学生,学生的任务就是学习,可我以前也曾是老师眼中的坏女生。初中的我就学会谈恋爱,抽烟,上网,还跟社会上那些小混混混在一起。老师,家长,同学都认为我无药可救了。但是不经过一番风雨怎能看到彩虹的生命的真谛。

现在在老师的帮助下,我得到了重生,就像苦熬岁月的茧终于等到了破茧成蝶的时刻。我现在是心情舒畅,学习成绩也开始回升,同学们的友爱也成了我快乐的支柱。深呼吸,看看蓝的发亮的天空,轻闻花儿的芳香,细听小鸟歌唱,原来生活可以这么美好。

人与人之间,人格都是平等的,每个人都有爱心和尊严,无论他在这个世界是强是弱,都同样需要尊严。

魔力悄悄话

当遇到弱者需要施舍时,我们要真心诚意,将弱者当作平常人一样,尊敬他们。否则,施舍不当,会使施舍变成侮辱,只有用心施舍,只有亲手将关爱送去,我们的心才会真正愉悦。

学会接受帮助也很好

因为一时的狂妄与自大而拒绝接受身边家人、朋友、同事的帮助是人们常常会犯的错误。有些人总认为自己的能力足以胜任所有的事情，自己的力量足以挑起所有的重担，直到身心疲惫、生活一塌糊涂时，才想起自己并不是一切，应该接受别人善意的帮助。

幽静的树林长着一棵高大挺拔的树，它非常欣赏自己的身材，并引以为傲。

有一天，来了一只啄木鸟，停在树上，它听到树干里有许多小虫啃噬的杂音。啄木鸟便用长嘴在树干上啄一个个洞，准备将虫一一吃掉。

这棵树非常生气，它认为自己足够高大足够强壮，根本不需要啄木鸟的帮助。因此，大树开口责骂啄木鸟并把它赶走。

结果小虫在树干里长大并生了更多的小虫，它们不断地啃噬着树干，逐渐把它吃空了。有一天，一阵大风刮过来，这棵大树就拦腰折断了。

每个人都不是独行者，一个人要立身于社会，少不了要靠自己的才识和能力，但一个人的本事再大，也是十分有限的。要想使自己的生活充满乐趣，事事顺利，有时还必须依靠别人善意的帮助和扶持。

《南方周末》上就曾刊载了这样一篇感人的文章：

一个生长在南方山区的穷孩子考上大学，在黑龙江某高校学习，放假时因家中有事需要返回，就上了从哈尔滨起程的火车，到就餐时这位学生才发现钱包被盗。当服务员把饭菜送给他时，他拒绝并说自己不想吃。同坐的一位中年妇女见了就说："小兄弟，我这里刚好有5块零钱。你就打一份饭吃吧。"他红着脸说"不、不，我不饿。"对面坐着的两位客人对他投去让他有些受不了的眼光。

他想，人家是不是认为他在骗饭吃或是个乡巴佬。因此他坚决拒绝了中年妇女的帮助，一场尴尬就这样过去了。

次日起来，这位学生感到肚子受不了，头很晕。他知道这是饿的结果。当吃早餐时，他有意起身到卫生间，为的是回避……又到吃午饭时，当餐车推进他的座位时，中年妇女又说："小兄弟，我给你买一份饭吃吧，再不吃是要伤身子的。"

这位中年妇女为了顾及他的自尊心，是靠在他耳边低声说的，但又被他婉言谢绝了。

不久中年妇女下车了。临行前，她将手中的《故事会》送他，说："小兄弟，这本《故事会》就送给你吧，我知道你爱看书。"

当火车开动时，这位学生打开书，突然发现，书里夹着一张50元的钞票和一张纸条。纸条上面写着："小兄弟：帮助别人是美德，但有时敢于接受别人的帮助，也是一种美德。因为拒绝别人的善意，有时往往会伤害别人善良的心。"

看到这富有哲理的温暖语言，学生的眼中闪着泪花。

常人都认为，好善乐施，善于帮助别人是中国人的传统美德。可任何事情都有多方面的属性，就看你从何种角度去认识、去看待。对于受助者来说，接受别人的帮助也是对别人的尊重，用宽宏的态度去面对生活，接受旁人善意的帮助，相信他人，相信美好，我们会变得更加快乐，正所谓"我为人人，人人为我"。

但是，有很多青少年碍于面子，常常拒绝别人的善意。比如有的同学家庭经济困难，老师、同学给予资助，她分文不收。这种自强不息、艰苦奋斗的精神难能可贵，值得表扬。可从另一角度想，如果确有困难，接受帮助也未尝不可。须知，帮助别人是美德，接受帮助也是美德。若拒绝别人善意的帮助，有时会伤害别人善良的心。社会上许多捐款捐物者弘扬了团结友善、助人为乐的传统美德，自己心理也得到慰藉，觉得自己正被人爱着、期待着，不是一个可有可无的人。

还有的同学因为家境贫寒，怕被人笑话，宁愿辍学也不愿接受帮助。这种心态本身就是不对的。试想，社会上谁不需要帮助？遇到困难会"求助"

也是能力。**一个好汉三个帮，不少成大事者自信自强，同时也争取到各方面的帮助，事业才会更兴盛，否则，孤僻冷漠、自我封闭、不合群，要成功则很难。**可见，青少年从小要有与人合作、正确接受帮助的良好心态。

魔力悄悄话

　　和谐社会需要人们之间的互相帮助，在自己身处困难的时候，接受别人善意的帮助，在别人需要扶助时，献出自己爱的双手，世界才会变得更美好！

同理心是最博大的爱

生活中,我们常常会遇见这样的人,他魅力十足,能够轻而易举地把周围的人引入他的轨道。当你和他谈论人生时,他的目光中洋溢出亮丽的光彩。每次和他聊过以后,你会觉得刚才好像沐浴在一道美丽而温暖的阳光里。这光就是爱,我们大家都可以得到这古老的、美的秘诀。**当我们真诚关心他人,美就会降临,使人难以抗拒。**

森林被皑皑白雪覆盖着,寒风从银装素裹的大地上呼啸而过。密得森太太和她的三个孩子围坐在火堆旁,她倾听着孩子们说笑,试图驱散自己心头的愁云。

一年以来,她用自己无力的双手努力支撑着家庭,但日子一直很艰难,正在烧烤的那条青鱼是他们最后的一顿食物。当她看着孩子们的时候,凄苦、无助的内心充满了焦虑。

几年前,死神带走了她的丈夫。她可怜的孩子弗洛姆离开森林中的家,去遥远的海边寻找财富,再也没有回来。

但直到这时她都没有绝望。她不仅供养自己孩子的吃穿,还总是帮助穷困无助的人。虽然她的日子过得也很艰难,但她相信在上帝紧锁的眉头后面,有一张微笑的脸。

这时门口响起了轻轻的敲门声和嘈杂的狗吠声。小儿子约翰跑过去开门,门口出现了一位疲惫的旅人,他衣冠不整,看得出他走了很长的路。陌生人走进来,想借宿一晚,并要一口吃的。他说:"我已经有三天没吃过东西了。"这让密得森太太想起了她的弗洛姆,她没有犹豫,把自己剩余的食物分了一些给这位陌生人。

当陌生人看到只有这么一点点食物时,他抬起头惊讶地看着密得森太太,"这就是你们所有的东西?"他问道,"而且还把它分给不认识的人? 你把最后的一口食物分给一位陌生人,不是太委屈你的孩子了吗?"

她说:"我们不会因为一个善行而被抛弃或承受更深重的苦难。"泪水顺着她的脸庞滑下,"我亲爱的儿子弗洛姆,如果上帝没有把他带走,他一定在世界的某个角落。我这样对待你,希望别人也这样对待他。今晚,我的儿子也许在外流浪,像你一样穷困,要是他能被一个家庭收留,哪怕这个家庭和我的家一样破旧,他一样会感到无比的温暖的。"

陌生人从椅子上跳起,双手抱住了她,说道:"上帝真的让一个家庭收留了你的儿子,而且让他找到了财富。哦!好妈妈,我是你的弗洛姆。"

他就是那杳无音信的儿子,从遥远的国度回来了,想给家人一个惊喜。的确,这是上帝给这个善良母亲最好的礼物。

为什么这位母亲会慷慨地把家里最后一点食物分给陌生人?是善良和爱心。这爱心源于哪里?源于她对自己儿子的思念,她希望别人也能像她关照陌生人一样关照自己的儿子,由此可见,最博大的爱也只是最寻常的同理心。

所谓同理心就是设身处地去体会别人的感受,懂得关心他人,理解他人,也就是说"善解人意"。同理心是一个人人格成熟和社会化的标志,它饱含着温度与关爱。拥有了同理心,也就拥有了感受他人、理解他人行为和处事方式的能力。

当然,同理心并不是要你迎合别人的感情,而是希望你能够理解和尊重别人的感情,希望你在处理问题或作出决定时,充分考虑到别人的感情以及这种感情可能引发的影响和后果。青少年正处在人格发展的关键阶段,培养同理心对学习和生活,以及人际交往都有着至关重要的作用。我们可以通过参与社会公益活动来培养自己的同理心。比如,为灾区献爱心,将自己的"压岁钱"、零花钱捐给需要的同龄人,关心身边的同学和朋友,尽自己的能力从行为上、学习上、生活上给他们送去温暖;到社区敬老院参加活动,开展"手拉手"活动,等等。时间久了,我们渐渐就会对同理心有了更深的体会和能力,尤其是当自己处在困境中受到别人帮助和同情的时候,我们的同理心就会得到强化。

同理心不仅是为了理解别人,也是为了让别人理解自己。拥有一颗同理心,经常换位思考,时刻反省自我,真诚交流,真情流露,相信一定能够赢得更多的信任和爱。

世事洞明皆学问,人情练达皆文章。要做一个有同理心的人,必须做到以下五个方面:

◇我怎样对待别人,别人就怎样对待我——我替人着想,他人才会替我着想。

◇想要得到他人的理解,就要首先理解他人——只有将心比心,才会被人理解。

◇别人眼中的自己,才是真正的自己——要学会以别人的角度来看问题,并据此改进自己在他人眼中的形象。

◇只能修正自己,不能修正别人——想成功地与人相处,想让别人尊重自己,唯一的方法就是先改变自己。

◇真诚坦白的人,才是值得信任的人——要不设防地,以我最真实的一面示人。

魔力悄悄话

当一个人在爱他人的时候,就会与他所爱的心融为一体:看到所爱的人快乐,自己便会同样快乐;看到所爱的人痛苦,自己便会同样痛苦。于是,一个人便会帮助他所爱的人得到快乐摆脱痛苦,就像自己得到快乐,摆脱痛苦一样自然。

第七章
完美人格精髓之自律

　　自律即人作为主体主动地自己约束自己，自己限制自己。自律是人在自己修养和行为表现上具有一定能力的表现，自律是战胜邪恶的武器。自律是高尚人格的体现，自律是健康人格的要素。充分的自制力，对人的一生是重要的。

　　自律是理性选择，是清醒，是成熟，是本色，绝非盲目从众与随意。自律的意义就在于它能让我们约束自己的逃跑行为，抑制我们内心中的懒散的恶习。有人说："健康的人总是会将生活的难题处理掉之后，才会考虑享受快乐。

人不自律不能服众

伟大的诗人歌德,曾经告诫人们:不论做任何事情,自律都至关重要。自我节制,自我约束,是一种控制能力,尤其控制人们的性格和欲望,一旦失控,变得随心所欲,结局必将一败涂地,不可收拾。中国近代哲学在对人性进行探讨时,曾用"趋利避害"这四个字来概括人的本性。追求利益和逃避苦难出自人的本能,是天性,关键看你后天如何驾驭。从伦理学的角度来说,一切法律条文、道德规范都是"他律",是追求文明的"下下策"。只有出自每个人内心的、主动的"自律",才是建设精神文明的根本途径。

所谓自律,就是针对自身的情况,以一定的标准和行为规范指导自己的言行,严格要求自己和约束自己。

"金无足赤,人无完人"。世界上没有十全十美的人,每个人都会有缺点错误。一个自律的人应该经常检查自己,对自己的言行进行自省,纠正错误,改正缺点,这是严于律己的表现,是不断进取的重要方法和途径。有错误和缺点不怕,可怕的是无视它,不去改正它。

一个自律的人,应该是一个懂得自爱,勇于自省,善于自控的人。自律,它能使人明于自知,使人养成良好的行为习惯,使人学会战胜自我,使人身心健康,使人高尚起来,建立良好的人际关系,同时它是一个修养的起点和基本要求,也是一个人行动自由所必须的条件。一个人能够自律,说明他修养已达到了较高的境界。

自律是一种信仰,自律是一种素质,自律是一种觉悟,自律是一种自爱,自律是一种自省,自律是一种自警。卡皮耶夫说:"思想和格言可以美化灵魂,正如鲜花可以美化房间一样。"所以,要想做一名有益于社会的人,就要针对自己的实际,选择相关的名言、警句、格言,作为自己的座右铭,用以勉励自己,提醒自己,警示自己。

人世间,最顽强的"敌人"是自己;最难战胜的也是自己。作为一名党员、干部,一名人民公仆,一名人民的勤务员,不论你有多高的职务,负多大的责任,你的言行举止,都必须对人民负责,对群众和党纪国法要心怀敬畏。在政治上、思想上、作风上、工作上必须坚持正义,严格自律。把党的政策看成是生命线,把国家法律看成是高压线,把组织纪律看成是警戒线。要经常以生命线自持,以高压线自危,以警戒线自律。"一屋不扫,何以扫天下?"做人不能自律,如何能服众?

我国正加强社会主义法制建设,并且已取得了显著成效。可以相信,随着改革的深入,国力的增强,国人的自律意识定会普遍提高,中华民族的振兴与腾飞是大有希望的。

魔力悄悄话

自律是自主选择,是自觉自愿,心甘情愿,绝非被动与勉强。自律就是针对自身的情况,以一定的标准和行为规范指导自己的言行。自律自制是一种秩序,一种对于快乐与欲望的控制。知道自觉管制自己的人是聪明人。没有城府,切记做人坦荡;不尽人意,切记宽容大量。

学会自我约束,才能更快成功

俗话说,没有规矩,不成方圆。有些浪漫者太过于放纵自己,便容易迷失自我。**国有国法,家有家规。国家没有法律,天下就会大乱;家族没有家规,就会一盘散沙。**人如果不善于约束自己,就会一事无成,甚至一失足成千古恨。

美国著名科学家、政治家富兰克林在青年时代就为自己制定了十几条规则,包括有食不过饱、饮酒不醉、沉默寡言、俭朴等方面的内容。我国老一辈无产阶级革命家董必武对家人"约法三章":一是不许向地方要东西,二是不许以他的名义在任何部门搞活动,三是不许接受礼物。

学者、先哲们自我"立法",不失其高风亮节。作为凡夫俗子,自尊、自洁、自爱,静坐常思己过,加强自我修养,虽不能流芳百世,却也同样受人敬仰。

好奇、好玩是人的特性,但是凡事都有个度,无论是行为还是言论,都该有起码的度。不难发现,大凡贪官污吏,多是自我放纵的结果,或物欲或权欲或色欲。八小时以内无人敢监督,八小时以外更是我行我素。有的晚节不保,于牢狱中度残生,是所谓的"59岁现象"。令人更心痛的是,"39岁现象"也在不断出现。人到中年,风华正茂,在单位是中流砥柱。这些人放松了对自我的约束,有人为情走钢丝,有人为权谋人命,有人为钱"放弃一切",结果行为出轨了,自由失去了,牢狱之灾也来到了。这一切,莫不与失去自我约束息息相关。

学会自我约束,思想境界就会高一分,道德水平就会长一分,就会脚踏实地,从点滴做起,做一个有益于社会的人。自我约束是对个性过分张扬的抑制,是对自己言行的约束。每个人因脾气性格、教育程度、社会经历和自我修养的不同,在现实生活中自我约束的能力就不同。

自我约束是由情绪自控能力所决定的。情绪是个人受到某种刺激后所产生的一种自然的心理反应状态。它除了喜、怒、哀、乐外,还有怀疑、不满、失望、压抑、焦虑、好奇等状态。不同的遗传导致不同的性格,情绪反应随性格的变化而变化。

有积极情绪的人会在生活和工作中努力克服一个又一个困难,能够勇敢面对失败,能够从失败中总结经验,吸取教训,争取新的成功。反之,拥有消极情绪的人自控能力差,缺乏理智,拒绝接受现实,怨天尤人,自暴自弃。

自控能力是人们在日常生活和工作中,控制情绪和约束自己言行的一种能力。自控能力强的人,善于运用这种内在的心理功能,自觉地进行自我调控,主动排除外部干扰,使主观协调于客观,能采取合理的行为方式去追求良好的理想效果。而自控能力不强的人往往任性而动,不懂得也不努力控制自己的行为,或者虽有自我控制的动机,但不付诸行动。

学会自我约束,使自己的言行在法律和道德的约束之下,需要培养坚定的意志。要克服消极、逃避、随意等缺点,说话办事做到三思而行,从长远考虑。要多想想言行是否为法律所允许,是否符合道德标准和生活准则,是否会伤害他人,是否给社会他人和自己带来难以预料的后果。

其实,自我约束能力多是通过后天来培养的,关键是要讲究培养的方法。只要时刻反省自己,注意旁人的提醒,接受他人的批评,习惯成自然,自然就会做得更加完美。

被人们称为"黑珍珠"的世界球王自幼酷爱足球运动,并且很早就显示出超常的才华。有一次,小贝利参加了一场激烈的足球赛,累得他喘不过气来。

中场休息时,贝利向小伙伴要了一支烟。他得意地吸着烟,嘴里吐出一缕缕淡淡的烟雾。小贝利有点儿陶醉了,似乎刚才极度的疲劳也烟消云散了。

这一切,全被他的父亲看见了。晚上,父亲坐在椅子上问贝利:"你今天抽烟了?"

"嗯,抽了。"小贝利意识到自己做错了事,红着脸,低下了头,一声不吭地准备接受父亲的训斥。

出乎小贝利意料的是,父亲并没有发火。他从椅子上站起来,在屋里来来回回踱步走了好半天,才平静地对贝利说:"孩子,你踢球的确有几分天资,也许将来会有出息,这也是我很欣慰的地方。可惜,你现在要抽烟了,抽烟,会损害你的身体,使你在比赛时发挥不出应有的水平,到最后可能会毁了你的梦想和前程。"小贝利的头垂得更低了。父亲又语重心长地接着说:"作为父亲,我有责任教育你向好的方向努力和发展,也有责任制止你的不良行为。但是,是向好的方向努力还是向坏的方向滑去,最后还是取决于你自己。我只想问问你,你是愿意一辈子抽烟而无所作为呢,还是愿意做个有出息的运动员,将来有更大的发展? 孩子,你长大了,也该懂事了,自己选择吧!"说着,父亲从口袋里掏出一沓钞票,递给贝利,并说道:"如果你不愿意做个有出息的运动员,执意要抽烟的话,这点儿钱就作为你抽烟的经费吧。"父亲说完,头也不回地走了出去。

小贝利望着父亲离开的背影,仔细回味着父亲那深沉而又恳切的话语,不由得掉下了眼泪。小贝利猛然醒悟了,他拿起桌上的钞票来到父亲面前,把钞票还给了父亲,并坚决地说:"爸爸,我以后再也不抽烟了,我一定要做个有出息的运动员。"

自那件事以后,贝利不但与烟绝缘,还刻苦训练,球艺飞速提高。15岁参加桑托斯职业足球队,16岁进入巴西国家队,并为巴西队永久占有"女神杯"立下大功。后来,贝利已成为足球界公认的"球王"。

从贝利的身上,我们可以领悟到,**千万不要纵容自己,给自己找任何借口**。一个人要想征服世界,首先要做的就是战胜自己。哪怕是对自己的一点儿小小的约束,也会使人变得强大而有力。在日常学习和生活中,应该有意识地培养自律精神。比如,针对你自身性格的某一弱点或不良习惯,限定一个时间的期限,集中纠正。

对自己严格一点儿,时间长了,自律就会成为一种习惯、一种生活方式,你的人格和智慧也会因此而更趋于完美。

自律是在行动中形成的,也只能在行动中体现,除此之外,再没有别的途径。梦想自己变成一个自律的人吗? 只是不停地自我检讨就能成为一个自律的人吗? 答案都是否定的。

自律的养成是一个漫长的过程,不是一朝一夕的事情。因此,要学会自律,首先就得勇敢面对来自各方面的一次次对自我的挑战,不要轻易地放纵自己,哪怕它只是一件微不足道的事情。正如"不以善小而不为,不以恶小而为之"。只要有恒心,学会自我约束,成功就会离你更近一步。

习惯于放纵自我的人,总是喜欢找各种借口,去纵容自己游戏生活,最终也被生活游戏而一事无成。善于自律的人,具有较强的自我约束力,严格要求自己,能严谨地对待生活,及时改正错误。从不轻易放纵自己,让自己趋近于完美,这样,生活自然也会回馈他丰厚的奖赏。

魔力悄悄话

自律可说是一条管道,而你为了达到成功目标,所必须表现出来的所有个人力量,都会流经这个管道。对思想的控制,是一个人进取心、积极心态和热忱控制的关键因素,而自律则是结合所有这些努力的过程。

成功是可以预见的

成功并非偶然，失败亦如此。你成功，是因为你效仿了成功的人，反复模仿其行为，使之成为一种习惯。同理，你失败，是因为你不肯去做成功的人做的事。上天是公平的，他不会偏袒任何一方，也不在乎结果。所以，你所面临的处境只不过是因果定律作用的结果。

当你没有自律、没能坚持不懈的时候，捷径和对策会来钻空子，让你毫无招架之力。你无法做到自律，所以只能听之任之，于是只好自饮失败的苦酒。

缺乏一心一意、持之以恒的精神，你就会像机器一样停止运转。所以，放下那些只在短期带给你快乐却毫无价值的事吧。因为从长期来看，那些有趣的、容易的、没有什么价值的事，终会让你遭受挫折，钱财尽失，甚至一败涂地。

成功的秘诀

石油大亨亨特曾一度是全球首届一指的亿万富翁。一次，某位电视台记者问他"成功的秘诀"是什么？他回答说："想要成功只需做到三点。第一，确定你想要什么。第二，确定你愿意为此付出多大的代价。第三，也是最重要的一点，愿意付出代价。"

在实现成功所需的诸多必要条件中，仅次于确定目标的是你的意愿。成功的人愿意付出为实现成功必须付出的代价，无论这代价是什么，无论要付出多久。

每个人都想成功。每个人都想要健康、快乐、身材苗条、富有，但愿意付

163

出代价的人却不多。偶尔,有的人愿意付出一部分代价,但他们不愿意为此付出全部代价。他们总在犹豫迟疑,总为自己找各种各样的借口,不约束自己去做为达成目标必须做的事。

勇于付出

付出全部代价之后会怎么样呢答案很简单:看看你周围的变化吧。看到了吧,你付出了多少都反映在你的生活方式和银行账户上了。对应法则已经告诉我们了,外部世界好比一面镜子,能够折射出你这个人如何,以及你付出了多少代价。

关于成功的代价有个有趣的说法:你必须付出全部代价,并且要提前付出。无论你如何定义成功,它都不会像餐馆一样,让你吃饱喝足再付钱。成功像是自助餐,菜品任你选,但想吃要先付钱。

著名演说家齐格勒曾经说过:"没有哪部电梯一定能将你带向成功,但旁边的楼梯却一直敞开着。"

魔力悄悄话

人在社会中生存,任何时候,任何事情,都需要严格自律。只有如此,才能保证一生始终在道德和法律边界内活动,这是自律的威力。不自律的人,必然放纵,最后走向堕落;自律的人,不断超越,最后走进人生新境界。自律不是天生的,是经过长期实践、修养磨练,才能形成。

自律是心智成熟的标志

摆在案头的是一部新书,这部书扉页上这样介绍:"或许在我们这一代,没有任何一本书能像这本书这样,给我们的心灵和精神带来如此巨大的冲击。仅在北美,其销售量就超过 700 万册;被翻译成 23 种以上的语言;在《纽约时报》畅销书榜单上,它停驻了近 20 年的时间。"这本书就是当代美国著名的心理医生 M·斯科特·派克的心理学杰作《少有人走的路?心智成熟的旅程》。

如果有人问:"你的心智成熟吗?"你该作何回答。一个人的心智是否成熟,怎样才算是一个心智成熟的人?此书为我们作了全面而详尽的剖析。

这本书分四大部分。

第一部分——自律。什么是自律?本书作者认为:"所谓自律,是以积极而主动的态度,去解决人生痛苦的重要原则,主要包括四个方面:推迟满足感、承担责任、尊重事实、保持平衡。"这一部分就是围绕这四个方面即四种人生原则详尽分析,告诉人们:人生目标都是解决问题,而绝不是回避痛苦。

推迟满足感,就是不贪图暂时的安逸,重新设置人生快乐与痛苦的次序:首先,面对问题并感受痛苦;然后,解决问题并享受更大的快乐,这是唯一可行的生活方式。而现实生活中只图享受安逸快乐,面对问题退缩回避的现象比比皆是,这样的人生怎么会有真正的快乐呢?

人生一世,正确评估自己的角色,判定该为何人、何事负责,既是我们的责任,也是无法逃避的问题。做一个明智的人,就是遇事不糊涂,直面人生,直面问题,妥善解决问题,才会过好每一天,才能天天开心。

尊重事实,即是如实看待事实,杜绝虚假,因为虚假与事实完全对立。"事实胜于雄辩""百闻不如一见"等名言谚语都是告诉人们:事实是客观存在的,不管你信不信。尊重事实、献身真理的人,必然心胸坦荡,以诚待人。

兼容并包,意味着既要肯定自我,以保持稳定,又要放弃自我,以腾出空间,接纳新的想法和观念,实现自我平衡。所谓保持平常心,就是学会保持平衡,一个人学会保持平衡,就不会斤斤计较,怨天尤人,而会以积极乐观的心态看待周围的人和事,才会有包容心。海纳百川,有容乃大。这也是人生的最高境界吧!

自律是人生的必修课。一个人倘若缺乏自律,哪怕他已活到 80 岁、90 岁高龄也不能算是一个真正的人。自律贯穿一个人的方方面面,生活上、工作上、行为上……都必须有自律的约束,万万不可我行我素。

没有规矩,不成方圆,规矩即是自律。"活到老,学到老",学习是自律逐步培养提高的有效途径。一个人正是在自律中逐渐成长,心智也逐渐成熟起来。

所以说,自律与否是衡量一个人心智是否成熟的一个重要标志。

魔力悄悄话

自律于细微,防患于蚁穴。对享受不能超越本分,对自己的要求不能减少本分。但愿人们富有责任心,凭自我克制精神,去追求幸福美满人生。辉煌与堕落,荣誉与罪恶,仅一步之遥。宁可正而不足,不可邪而有余。能够把自己压得低低的,那才是真正的尊贵。人要时时解剖别人,然而更多的是更无情面地解剖自己。

找回迷失的自己

心态是思想的根本,思想有多简单,行为就有多简单,思想有多复杂,行为就有多复杂。

在心理学中,有三种精神力量,分别叫作"本我""超我"和"自我"。"本我"是指人最本能的一种想法,例如,当别人对我们不礼貌的时候,我们会本能地感到生气和反感,这便是"本我。"

"超我"是指对事物的反映。例如,这个时候,我们有的人会想着立刻翻脸,别人怎么对我们,我们就怎么对别人。还有一种就是,忍让下来,当作什么事都没有发生过。所以说,"超我"是思想的两个极端。

接下来就是"自我"了,"自我"是指对事物的对待,我们会根据自己的思想判断,来决定我们该怎么做。

同时相对应的便是,本能、分析、行动。

而"超我"则习惯性地破坏"本我",使人们说话做事总是朝着另一个不好的极端行动,这便是情绪。在情绪冲动的情况下,我们总是会做出不理智的行为来,导致改变"自我"。

人一旦迷失自我,思想便会迷茫,最后会变得喜怒无常,言行举止怪异。所以,在说话做事上,我们要给自己树立一个原则,时刻告诫自己应该做一个怎样的人。

思想如何,德行就会如何。一个烟瘾大的人,一旦想到或看到烟,总会情不自禁地立刻吸烟;一个迷恋女色的男人,一旦看到美女,总会急不可耐地想要扑上去。

人生时刻充满着诱惑和选择,当我们抵挡不住时,便会迷失其中。所以,我们要时刻地告诫自己,鞭策自己。

人,最大的敌人不是别人,而是自己。

想要成功,首要自律。自律是想到就要开始实施,而自律的首要就是自制力,自制力的强弱代表了一个人成功的概率,自制力越强,对事物诱惑的抗拒也就越大,内心也会强大,这种人,是自信的人。

在自律的过程中,我们一旦半途而废,从此将会一发不可收拾,欲望会瞬间膨胀,达到前所未有的高度。例如,一个戒过烟的人,一旦再次吸烟,烟瘾就会立刻比以前大很多。

如何自律呢? 我们要时刻自我暗示,坚持自己的信念,坚持的时间达到一个长度后,我们便会发现这已经成为我们的一个习惯。

自律在于告诫,告诫自己如果不这样,会有什么不好。同时也在于鞭策,鞭策自己学习他人,激励自己也一定可以。

自律,就是改变自身,当我们成功一次后,后面的改变也会容易得多。同时,失败一次,难度也会一次比一次提高,欲望也会一次比一次提升。

人无完人,所以每个人都要学会自律,因为欲望多,贪念大,我们更要自律自己,控制自己的思想,反省自己的言行。在自律自身之前,我们要做好相应的准备,一旦措施不足,失败率便会增大。

在这个灯红酒绿的都市,吸引我们的事物,与日俱增,所以,我们更要学会自律自己,否则,一个不慎重,我们便会被打回地狱。

魔力悄悄话

要想成为佼佼者,一个人必须要有自律精神,以控制一时的冲动和短期的诱惑。不为昨天的失败找借口,只为明天的成功找出路。要留心,即使当你独自一人时,也不要说坏话或做坏事,而要学得在你自己面前比在别人面前更知耻。